传家·知识

CHUANJIA·ZHISHI

让青少年受益一生的

美学知识

褚泽泰 编著

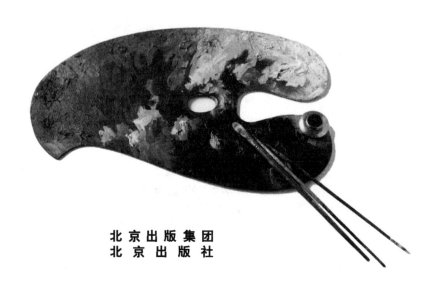

北京出版集团
北京出版社

图书在版编目（CIP）数据

让青少年受益一生的美学知识／褚泽泰编著. — 北
京：北京出版社，2014.1
（传家·知识）
ISBN 978 - 7 - 200 - 10274 - 1

Ⅰ. ①让… Ⅱ. ①褚… Ⅲ. ①美学—青年读物②美学
—少年读物 Ⅳ. ①B83 - 49

中国版本图书馆 CIP 数据核字（2013）第 281008 号

传家·知识

让青少年受益一生的美学知识
RANG QING-SHAONIAN SHOUYI YISHENG DE MEIXUE ZHISHI

褚泽泰　编著

*

北 京 出 版 集 团
出版
北 京 出 版 社
（北京北三环中路 6 号）
邮政编码：100120

网　　址：www . bph . com . cn
北 京 出 版 集 团 总 发 行
新 华 书 店 经 销
三河市同力彩印有限公司印刷

*

787 毫米×1092 毫米　16 开本　12 印张　170 千字
2014 年 1 月第 1 版　2023 年 2 月第 4 次印刷
ISBN 978 - 7 - 200 - 10274 - 1
定价：32.00 元
如有印装质量问题，由本社负责调换
质量监督电话：010 - 58572393
责任编辑电话：010 - 58572775

前　言

古希腊美学家柏拉图在《大希庇亚斯篇》中记述了这样一次对话，那是 2500 年前哲学家苏格拉底同诡辩家希庇亚斯关于美的一次辩论，当时，学识渊博的苏格拉底同以教人诡辩的希庇亚斯对"美是什么"展开了一段争论。希庇亚斯一开始就认为"美就是一位漂亮小姐"，但苏格拉底很快就用女神的美让其无可反驳。但希庇亚斯马上又提出："美不是别的，就是黄金。凡是东西加上它，得到它的点缀，就显得美了。"这种提法也被苏格拉底有力地否决了。至最后，苏氏只好长叹一声说："我在同您的讨论中得到益处，那就是更深切地了解了一句谚语'美是难的'。"

这篇对话记录是柏拉图早期的作品。其中苏格拉底的观点充分地体现了柏拉图对美的看法。而最后苏格拉底关于"美是难的"的感叹，也从一个侧面道出了人类对美的探索漫长而又艰难的道路。

"美"究竟是什么？看似简单的问题一直延续了 2000 多年，在这个过程中人们对美下了各种各样的定义，但是都不能准确地表明什么是美。可以说，这是美学国度的"哥德巴赫猜想"。

说起美学，不少人都会认为它有点儿"玄"，常常只能意会，难以言传。如果非要用语言表述"美是什么"，往往"心有余而力不足"。也许有人会说美是一种感觉，美是一种心情，美是一种享受，美是一种品德，美是一种符号，也有人会说最简单的东西最美……看来，这个看似很简单的问题如果要我们给一个准确的答案确实并不简单。

那么，美究竟是什么呢？为什么又人人都爱美呢？爱美是人类的天性，追求美、创造美更是人类矢志不渝的理想。近代学者梁启超说："美，是人类生活的要素，或者还是各种要素中之最重要者。倘若在生活的全部内容中把'美'的成分抽去，恐怕便活得不自在，甚至活不成。"可见，美是一种具体的东西，人类社会中处处都有美的体现，美带给我们的是一种崇高的追求，是一种良好的品德。

没错！美，散见于人们生活的方方面面：在纷飞的雨中观看和倾听外界的变幻，是美；赤裸双脚在河流中徜徉，或透过飞机舷窗向外眺望，也是美；在大洋沿岸闲聊，在飞流之下戏水，更是美；日出东方，我们心潮如涌；细雨如丝，我们思绪万千；读到一首好诗，听到一段优美的音乐，都使我们感到美的存在……法国著名雕塑家罗丹有句名言："美是到处都有的，对于我们的眼睛，不是缺少美，而是缺少发现。"

美无处不在，无时不在，只是我们都太习以为常，"缺少了一双发现美的眼睛"。美，其实就是一种态度、一种温度、一种宽度、一种高度，而它就从最切身的周遭开始。

在社会发展步入快车道的今天，人的精神格外紧张，身心格外劳顿，如何化解？只有美！

当你消沉时，听一听美妙的音乐，流畅的旋律、跳跃的音符，它们会带你找到欢乐。

当你郁闷时，翻开一本画册，精美的画面、鲜艳的色彩、曼妙的曲线，会使你不知不觉地沉醉于其中，让你的忧郁烟消云散。

当你孤寂时，到大自然中去走一走，在鲜花、露珠、溪水、鸟鸣中，你会发现有许多可爱的朋友与你做伴。

契诃夫说过："人应该什么都美，容貌、衣服、心灵、思想……"青少年朋友身心都处于一种脱胎换骨的变化的关键时刻，对美的事物也十分敏感。让我们睁天双眼，张开双臂，去发现、去追求、去拥抱生活中所有的美吧——不求真正找到美的终极真理，只愿大家都找回那双发现美的眼睛。

目　录

第一章

为何情人眼里出西施——美感力从何而来

审美直觉："蛙声十里出山泉" 如何得来

"蛙声十里出山泉"是清初诗人查慎行诗里的一句话，这句话是这样得来的：一个雨过天晴的夏日夜晚，诗人漫步于溪边。他放眼望去，天空中繁星点点，远处青山与天浑然一色，近处的树木渐渐隐没在夜色中，萤火虫沿着溪边草丛飞来飞去。四周一片寂静，耳边从山涧传来蛙声。这些清新感觉在诗人头脑中汇织成一幅美丽的图画，查慎行感到十分愉悦，于是诗意从心中涌出：

"雨过园林暑气偏，繁星多上晚来天。渐沉远翠峰峰澹，初长整阴树树园。萤火一星沿岸草，蛙声十里出山泉。新诗未必能谐俗，解事人稀莫浪传。"其中一句"蛙声十里出山泉"至今仍传唱不绝。查慎行为什么能将雨后夜晚的感受吟成诗？审美直觉有什么特点？

人能感受事物的美首先来源于直觉

查慎行之所以能将雨后夜晚的感受吟成了诗，是他运用了审美直觉的方式。所谓审美直觉，即人们在感受美的时候，不经过加工而直接获得审美感觉、审美知觉、审美表象以及审美愉悦的心理特征。用科学语言来表述，即审美直觉是人对事物外在审美特质的感觉、知觉、表象以及在预先掌握的理智、情感作用下的审美感受。

审美直觉往往具有偶然性的特点。生活中的美，往往是不期而遇的。所以诗人在表达审美直觉性这一特点时，喜欢用"偶"字。如吕从庆的《山中作》中有这么一句："偶因送客出前溪，使过溪桥拾诗句。"

那么，审美感受为什么具有直觉性呢？原因很简单，即由于审美对象具备了直觉所能把握的具体可感形象的特性，而人类具有直接感受美的审美器官。所以人可以根据直觉捕捉到生活中的美。雨后夜晚山溪风景之美，在于繁星、园林、树荫、萤火虫和蛙鸣、水声组成的美丽图画。人通过自己的审美器官就可以直接感受这些美。

审美直觉是非理性的，也是一见钟情的

审美直觉的第一个特点是"非理性"。正如康德说的那样："美是那不凭借概念而普遍令人愉快的"，美的事物"总是对我们的直观能力发生作用，而不是对我们的逻辑能力发生作用"。我们感受美，并不需要经过理性思索，不需要运用概念、判断、推理的形式，而是运用审美感官，接触美，捕捉美。正是由于这种非理性，我们才能进入审美世界，体会到其中的无穷奥妙。如果我们用纯理性的眼光看待审美对象，那么就感受不到诗意的美。

有这么一段逸闻：苏轼有一佳句"竹外桃花三两枝，春江水暖鸭先知"，把初春的景色生动形象地呈现在我们面前，真是妙不可言。但是清人毛奇龄读苏轼这句诗时，指责说："鹅也先知，怎只说鸭?"毛奇龄是用理性的、科学的态度读诗，所以体会不到其中的乐趣。

如果用理性的态度去欣赏事物，审美直觉就会离他而去，那么美感也就不复存在了。英国诗人华兹华斯在《劝友诗》中说得好：大自然给人的知识何等清新，我们混乱的理性，却扭曲事物优美的原形——剖析无异于杀害生命。

审美直觉的另一个特点是"一触即觉，一见倾心"。人们面对美的事物，只要眼睛一瞥，耳朵一听，不用思索，就能立即感受到美，愉悦的情感顿时充盈心间。如春天在野外踏青，看到充满生机的大自然，听着泉水叮咚的声音，享受着春风的吹拂，心中会顿时升起一种美的愉悦感。再如人们听着美妙的音乐，或者欣赏着逼真的雕塑，都会情不自禁地称赞它给我们带来了美的享受……

审美错觉：情人眼里出西施

"情人眼里出西施"是一句经常听到的俗语，谁都明白，谁也都同意。可是为什么情人眼里出西施？

大诗人苏轼因"乌台诗案"被贬黄州，由于作者在政治上遭受到一次严重的打击，思想异常苦闷，于是常常借登山临水和凭吊古迹来寻求解脱。在黄州，他经常来到赤壁矶头游览眺望，或泛舟江中。1082年7月16日，苏轼和朋友又一次来到赤壁，看到优美的自然景色，他和朋友饮酒诵诗，驾一叶扁舟，再次泛舟江中，此时白茫茫的水汽笼罩着江面，他突然有一种超越尘世、羽化而登仙的感觉。在此情此景之下，大诗人为什么会有这种感觉？在审美活动中，这种感觉有什么作用？

言有尽而意无穷

情人眼里之所以出西施其实是情人之间的感情超越了功利，也蒙蔽了人的眼睛，是审美错觉在起作用。审美错觉是审美中出现的不符合事物客观情况的错误知觉，有听错觉、视错觉和空间定位错觉等。产生审美错觉的原因是多种多样的。如人的相貌作为一种物质形态是客观存在的，但如果作为一种审美形态，是可以随着人们主观感情的变化而变化的。此时情人眼里的"西施"在强烈的情感活动中是经过改造和变异了的，是涂抹上了审美主体色彩的客体。这种亦真亦幻的错觉，正可以带来深刻的情感体验和巨大的审美愉悦。

在人面前可以如此，那么在自然美面前或艺术美面前，也恰如在情人面前一样，审美主体通过富有个性特征的想象，丰富着、充实着、改造着充满情感色彩的客体，并创造着自己头脑中美的对象。所以，大诗人才会出现羽化登仙的感觉。

生活中有很多让人产生审美错觉的例子，比如两个相同的事物，一个放在大背景中，就显得比较小，一个放在小背景中，就会显得比较大；坐火车时，看窗外景物，仿佛在向后退；雨后天晴时的高山，比云雾弥漫时显得近。在一定心理状态影响下，人们也能引起错觉。如"草木皆兵""杯弓蛇影""风声鹤唳"，就是由于紧张、惊疑、害怕所引起的错觉。

我们知道，普通的错觉是直接单纯的，是由一般感知所造成的错位。而在审美活动中，所谓的审美错觉就是对审美对象深入体验后，形成的不符合实际情况的错误知觉。然后通过错觉完成对审美意象的再加工，恰恰是这种弄假成"真"，创造出一种新颖独特的审美意趣，人们从中获得意外的快感和满足。

审美活动中常常出现错觉。莎士比亚有一首十四行诗是这样写的："我情妇的眼睛一点不像太阳/珊瑚比她的嘴唇还要红得多/雪若算白，她的胸就暗褐无光/发若是铁丝，她头上铁丝婆娑/我见过红白的玫瑰，轻纱一般/她颊上却找不到这样的玫瑰/有许多芳香非常逗引人喜欢/我情妇的呼吸并没有这香味/我爱听她谈话/可是我很清楚，音乐的悦耳远胜于她的嗓子/我从没有见过女神走路/我情妇走路时候却脚踏实地/可是，我敢指天发誓/我的爱侣胜似任何被捧作天仙的美女。"

显然，诗人的情侣并无特别美丽的外貌，但她肯定有某种东西吸引了诗人，有一种使诗人动心的美，以致诗人（审美主体）在自己的心中塑造出了一个各方面都比客观形态更加美妙动人的意象，使他感到他的爱侣比任何天仙美女都更动人。

没有审美错觉，审美就会失去一道优美的风景线

在科学认识、科学实验中，必须避免错觉。但是在审美活动中，

审美错觉有着非常特殊、十分奇妙的作用，一些审美对象就是依靠错觉才产生特殊的审美意义的。建筑物多开窗，可使室内宽敞；风景画不加框，可使山水显得更深远。再比如，我们经常会在一些杂志上看到这样的穿衣技巧：上身过长的人穿横线条衣服，身材矮小的人穿长条裤，身材肥胖的人要穿深色的衣……这可使人在错觉中产生均匀感。总之，审美错觉可以弥补对象的缺陷，增强美感，可使形象逼真。电影、魔术等更因错觉产生特殊的魅力。一些脍炙人口的名句，就是由于及时捕捉审美错觉而成的，如"山重水复疑无路，柳暗花明又一村"（陆游）、"飞流直下三千尺，疑是银河落九天"（李白）、"月来满地水，云起一天山"（郑燮），"开户满庭雪，徐看知月明。微风入丛竹，复作雪来声"（陆游）。这些名句，把眼前景物的错觉捕捉下来，就成了很美的诗句。这些诗句之所以千古流传，依赖的就是人的审美错觉。如果没有这些错觉，审美就会失去一道优美的风景线。

 审美幻觉："举杯邀明月"缘何"对影成三人"

《月下独酌》，是唐代伟大诗人李白创作的一组诗，其中第一首最著名。

> 花间一壶酒，独酌无相亲。
> 举杯邀明月，对影成三人。
> 月既不解饮，影徒随我身。
> 暂伴月将影，行乐须及春。
> 我歌月徘徊，我舞影零乱。
> 醒时相交欢，醉后各分散。
> 永结无情游，相期邈云汉。

这首诗约作于公元744年，当时李白政治理想不能实现，心情是孤寂苦闷的。但他面对黑暗现实，没有沉沦，没有同流合污，而是追求自由，向往光明，所以在他的诗篇中多歌颂太阳和咏月之作。在这首诗中，诗人写自己在花间月下独酌的情景。"对影成三人"句构思奇妙，表现了他孤独而豪放的情怀。为什么会"对影成三人"呢？

炽热专注的情感状态容易产生审美幻觉

"对影成三人"其实是诗人在进行审美创作时的一种幻觉，即审美幻觉。一般说来，产生审美幻觉往往有两种情况：

一是情感处在炽热状态，并为某种情绪支配时产生的。如郑愁予《错误》中写的"我达达的马蹄是美丽的错误，我不是归人，是个过客"，其中的幻觉是由炽热的情感带来的。日夜盼望着与自己的心上人见面，以至于听到外面传来马蹄声就误以为他归来了。宝玉产生接客船和接客人的幻觉，就是由炽热情感引起的。

二是澄心凝思、专注于审美对象时产生的。当人们对某一对象非常专注、心无旁骛时，就会进入幻觉。如祭奠亡人时，凝视亡人肖像或遗物时，想起亡人的点点滴滴，就会产生似乎亡人还活着、就站在自己的面前的感觉，"祭君疑君在，天涯哭此时"。再如苏轼和朋友在白茫茫的江面上驾一叶扁舟，饮酒诵诗时，突然产生了"浩浩乎如冯[凭]虚御风，而不知其所止；飘飘乎如遗世独立，羽化而登仙"的幻觉。

审美幻觉是一种不真实的审美知觉

审美幻觉和审美错觉一样，都不是真实的知觉。但两者还是有差别的：错觉是对存在事物的错误知觉，然而幻觉是对不存在事物的虚幻知觉。幻觉中除知觉活动外，常与联想、幻想联系在一起。人们一般认为，幻觉会破坏感知的真实性、准确性，但在审美和创造美的过程中，审美幻觉经常起特殊的作用。因为幻觉能让人超越现实，将客体主观化，让人进入想象世界，引导人们进入审美境界。也即我们经常所说的，万物皆着我之色彩。朱自清先生在《荷塘月色》中是这样来形容荷花的：正如一粒粒的明珠，又如碧天里的星星，又如刚出浴的美人。再如，当我们心情高兴时，花儿对我笑，小鸟对我唱的情形，这都是将审美客体主观化的一种现象。

审美幻觉引发人们的审美统觉

审美幻觉往往能将人带入一个幻化的整体境界，这种整体境界的形成就是人们的审美统觉的作用了。统觉，现代心理学定义为，由当前的事物引起的心理活动（知觉）同已有知识经验相融合，从而理解事物意义的心理现象。美国心理学家默里建立的"主题统觉测验"和瑞士心理学家罗夏建立的"墨迹统觉测验"都是让被测试者观赏墨迹或墨彩卡片。结果在这些模糊意象的模糊启示下，他们看到了云、山、战场等各种模糊的形象，甚至编出了完整的故事。统觉就是这样的一种心理过程。先是在审美欣赏活动中产生幻想，进入美感状态，然后它使人幻化出奇妙的、游动的、虚拟的形象，能将朦胧的对象所提供的朦胧信息，与主体经验融合，产生朦胧的知觉印象，从而理解对象的意蕴。把卡片上的模糊意象看成云、山、战场，对卡片中的意象有了整体知觉，并把它们连成整体，通过观察和分析，调动起人们已有的经验，对这幅画形成完整的、立体的、动态的形象感知，这时也就进入审美统觉了。

审美统觉是审美知觉的高级形态。在审美时，人人都会产生审美统觉，但审美统觉的能力不相同。艺术家的审美统觉往往比常人更敏锐、更丰富。当然，经过审美训练和审美熏陶，每个人都是可以提高自己的审美统觉能力的。

第二章

揭秘美学的庐山真面目——美学基本原理

审美距离：为什么距离能够产生美

常言道：距离产生美。宋代诗人游九功有一首诗："烟翠松林碧玉湾，卷帘波影动清寒。住山未必知山好，却是行人仔细看。"这首诗说的是：住在山里的人，天天面对翠绿如烟的松林、澄碧如玉的水湾、临水而居的人家以及卷帘摇动的波光云影，往往浑然不觉其美；倒是新来乍到的游人如醉如痴地仔细欣赏，沉迷在如画的山光水色之中。为什么会这样呢？什么是审美距离？

审美距离最重要的是心理距离

所谓的审美距离是指审美主体与审美客体之间的距离、间隔。它包括时空距离和心理距离。审美距离在审美活动、审美关系中具有重要作用。如果说"审美"是在紧紧抓住"美"的尾巴，不让它飞，那么"审美距离"就是"审美"的力度，太轻，"美"便怅然而去，太重，"美"便郁郁而终。有时候，人只有跳出圈外，俯视其中，才能找到曾经不解的奥妙，而曾经的不解正如同"不识庐山真面目，只缘身在此山中""入芝兰之室，久而不闻其香"。

审美距离中最重要的是心理距离。心理距离是指审美主体与客体之间在情感、观念、经验、态度上的距离。最早把"心理距离"作为一种美学原理提出来的是英国美学家、心理学家爱德华·布洛。他所说的"心理距离"的概念，是距离的一种特殊形式，是指我们在观看

事物时，在事物与我们自己实际利害关系之间插入一段距离，使我们
能够换一种眼光去看世界。他说："美，最广义的审美价值，没有距离
的间隔就不可能成立。"他认为审美要有恰当的心理距离。对象没有被
人感知到，或者人们对它太隔膜，心理距离太远，便激不起美感；但
对象与人的实际利益、功利态度紧密联系，或者人们对它太熟悉，即
心理距离太近，也激不起美感。布洛举过一个"雾海航行"的例子：
在航海业尚不发达的时代乘船遇雾，如果不能摆脱现实的利害，抛弃
患得患失的心理，由海雾所造成的景象就会成为我们精神上的负担，
使我们除了忧虑自身的安危之外，哪还顾得上审美呢。但是如果我们
换一种情景，站在海岸上，和那些身处雾中的人的心情就会根本不同
了。因为他们不会感到危险、没有忧虑，就会把注意力转向浓雾中的
种种风物。这时，海雾就可成为浓郁的趣味与欢乐的源泉，能给人以
强烈的美感。

　　时空距离也是审美距离中不可忽视的一个内容。心理距离能产生
美、影响美，时空距离也能产生和影响美。距离的远近也能直接影响
审美的内容与感受。就如案例中住山的人从来不会觉得山有多美，但
是游客觉得山很美，这就是空间距离不同的缘故。因为住山的人与山
的空间距离太近，成年累月生活在那里，朝夕相处，所以感觉不到它
的美；而游客因为不经常见，所以才会如痴如醉。可见，空间距离能
产生美。与心理距离类似，空间距离太近不能产生美，许多人都有这
个体会。比如苏轼游庐山时，感慨"不识庐山真面目，只缘身在此山
中"；但是随着距离的变化，就开始"横看成岭侧成峰，远近高低各不
同"，可见，空间距离造成了不同景观。

　　在审美过程中，时空距离与心理距离是互相联系、互相作用的。
审美者的心理条件不同，心绪心境不同，主观感受上的空间距离就可
能有所不同。有时美在咫尺却令人有远在天涯之感，有时远在天涯却

令人有近在咫尺之感。

正确把握审美距离才能获得美感

从心理距离和时空距离对美的影响，我们可以得出，保持恰当的审美距离，是获得美感、领悟对象的意蕴的重要前提。但是现实中许多人，由于掌握不好审美距离，所以很多美被人一次次地错过了。比如，在艺术欣赏中，经常会出现由于心理距离太近而混淆艺术世界与现实世界界限的事件。如那些读了歌德的小说《少年维特之烦恼》而自杀的青年和那些观看歌剧《白毛女》而站起来朝"黄世仁"开枪的战士，等等。那么面对审美对象，我们要怎样来靠近、来把握这个距离呢？

布洛说："无论是在艺术欣赏的领域，还是在艺术生产中，最受欢迎的境界乃是把距离最大限度地缩小，而不至于使其消失的境界。"这种"不即不离"的境界之所以是理想的艺术境界，在于它对"距离的内在矛盾"作了妥当的安排，它既不使因距离过远而无法理解，也不使因距离消失而让实用动机压倒审美享受。

充分利用距离去发现和捕捉美

由于距离能产生美、影响美，所以人们应该充分利用这个规律，去发现美、捕捉美。

首先，在欣赏自然的美时，要保持一定的距离。南宋诗人杨万里在观赏山水美景时提出：看山要从湖中看，水中看山山更美。因为在山中看山或在水上观水，都因为与审美对象的距离太近而只能见到单一的局部的景致；但是如果在山外看山或山上观湖，人与审美对象的距离又会太远，而得不到美感；只有在湖上看山或岸上观湖，人与对象拉开一段距离又不远不近，才能观赏到山或湖的整体形象，观赏到山和湖之间的巧妙组合，相得益彰，而这时的山和湖就显得更美了。

其次，在欣赏艺术品时也要保持恰当的距离。比如欣赏绘画，特别是油画和水彩画，离得太远和离得太近都不好，必须与画面拉开一定的空间距离才行。俗话说："近看一块疤，远看一朵花。"观画如果不拉开一定的距离，那么映入眼帘的是线条、色块，很难看到它的整体形象和艺术韵味。

 # 美感的共同性与差异性：焦大会爱上林妹妹吗

我们古代有很多美丽的爱情传说，但是总结一下发现，农夫、放牛郎们偏爱天上的织女、七仙女，或者是勤劳善良的田螺姑娘；然而书生们爱的是王宝钏、崔莺莺、杜丽娘这样的千金大小姐，再不然也是大财主家有学识的祝英台。村姑或丫鬟从来就没有进入过他们的爱情视线。村姑那么勤劳，丫鬟那么机灵，怎么从来不被农夫和书生们喜爱呢？鲁迅也说："贾府里的焦大是不会爱上林妹妹的。"看到这句话，也许很多人会觉得奇怪，难道貌若天仙的林妹妹在焦大眼里就变丑了吗？其实不是这样的，原因在于对于同一对象，不同的欣赏者有不同的看法，即审美的差异性。

佳人不同体，美人不同面，而皆悦于目

美感共同性是指不同或同一时代、民族、阶层的人们，对于同一

审美对象所产生的某些相似、相同、相通的审美感受、审美评价。由于美是人类共同发现、共同创造的，人类的社会实践、审美实践使人具有共同的心理结构，所以人们具有一种普遍的审美尺度，在感受中显示出基本的一致性。不论是东方民族还是西方民族，不论古代人还是现代人，也不论富翁、贵族还是穷人、平民，如果游览凤凰古城，看到美丽的湘西风景，都会产生相同的优美感；如果站在喜马拉雅山前，获得的又是相同的崇高感；观看喜剧《伪君子》，会产生相似的喜剧感；欣赏悲剧《俄狄浦斯王》，获得的是相似的悲剧感。

我国古代就有说明美感有共同性的例子，如《淮南子·修务训》："故秦楚燕魏之歌也，异转而皆乐。"《淮南子·说林训》："佳人不同体，美人不同面，而皆悦于目。"世界各国人民、各阶层人士在观赏我国的万里长城、希腊的巴特农神庙、巴比伦空中花园、埃及的金字塔等古老而雄伟的建筑时，也能产生大致相近的共同美感。之所以有这种共同的美感，首先在于我们有着欣赏美的相同的审美器官，还有我们有着长久以来形成的共同的心理基础以及共同的社会文化。

一千个读者有一千个哈姆莱特

美感不仅具有相同性，而且具有差异性。美感的差异性是指同一或不同时代、民族、阶层的人以及同一个人，面对同一审美对象，会产生不同或对立的审美感受、审美评价。人类之所以具有审美差异性，是人们具有不同的社会实践和审美实践，以及由此产生的不同的审美意识、需要、能力。比如欣赏同一出悲剧《梁山伯与祝英台》，不同的人审美感受不同：有的人伤心不已、潸然泪下；有的人疾恶如仇、义愤填膺；有的人满怀同情、为其惋惜……

车尔尼雪夫斯基指出，不同阶层、不同教养的人如商人、贵族、农民对美有全然不同的审美要求、审美感受。在有阶层存在的社会中，不同阶层利益、生活方式、社会需要，形成不同的思想、情感、心理、习惯，形成不同的审美意识、标准、理想，对审美对象的美感、审美评价便具有了阶层的内容。美感的阶层性，制约着人的审美选择、感受和评价，影响人对美的创造。因为人们在审美活动中，往往接受欣赏本阶层认同的审美对象，排斥与本阶层利益相对立的审美对象，从而在美感中渗透了阶层的意识。承认美感的阶层性，并不排斥美感的共同性。

总之，美感既具有共同性又具有差异性。如果我们能够正确认识美感的共同性和差异性，不仅有利于我们把握美感的性质，创造既具有普遍审美价值又具有多样性的美和艺术，还有利于我们正确对待各个时代、民族、阶层的人所创造的美，更有利于提高我们的审美能力。

 审美价值：为什么我国文人偏爱竹

我国的文人，对竹子有一种特殊的感情。比如李白喜欢"绿竹入幽径，青萝拂行衣"（《下终南山过斛斯山人宿置酒》）；王维喜好"独坐幽篁里，弹琴复长啸"（《竹里馆》）；杜甫喜欢种竹，"平生憩息地，必种数竿竹"（《客堂》）。陆游在雪溪观竹时，手舞足蹈地唱道："溪光竹色两相宜，行到溪桥竹更奇。对此莫论无肉瘦，闭门可忍十年饥。"可见其爱竹之情溢于言表。

许多文人竟然爱竹成癖。《世语新说》中说，从前有叫王子猷的人，虽暂住人家空房，偏叫人于屋前种竹？友人问他："既是暂住，何必要急于种植?"王子猷答道:"何可一日无此君。"从此,"子猷爱竹"便被后世传为佳话。

为什么文人对竹子如此偏爱、寄予如此深厚的感情呢?

竹具有较强的审美价值

文人喜爱竹子,主要是因为竹子对于人具有审美价值。所谓审美价值,是指事物对人所具有的审美意义和心理效能。一个事物或对象如果对人的精神生活有益,它的内容、形式具有独特的审美功能,能为人所把握,满足人的精神需要,我们就称它具有审美价值。审美价值是客观的,这主要有两方面原因,第一是它含有现实现象的、不取决于人而存在的自然性质,第二是它客观地、不取决于人的意识和意志而存在着这些现象同人和社会的相互关系,存在着在社会历史实践过程中形成的相互关系。竹子的审美价值不但体现在它的外在形式上,如竹叶青翠常绿、竹竿修长挺拔、竹根盘桓流连,而且体现在它的内在方面,比如竹子的颜色、形态和习性,使得它成为精神美的化身。竹子的偃而复伸、竹身有节、外坚中空等,与人的许多美德情操相联系,如坚守气节、坚贞顽强、虚怀若谷、简约淡泊、清高孤直等,所以使人能产生联想,因此竹子成为这些美德情操的代言物,为文人所喜爱。

审美价值取决于对象结构和主体需要。任何自然事物、自然现象,本身不可能构成现实的审美价值,只能构成审美价值的潜在条件。只有当它对社会中的人、对人类的社会生活具有某种意义时,能愉悦人的感官和精神、激发审美感受、美化人的生活的时候,它才能实现其审美价值。并且事物越具有鲜明独特的审美特征,越被人认识,其审美价值越大。也就是说竹子因为能够使人联想到生活中的许多美德和情操,使人产生精神愉悦和美感,所以才具有审美价值。可以说,人们偏爱的不仅仅是竹子本身的外形，更是竹子所象征的各种情操和美德。而当人们越加爱竹、人们就会对它产生浓厚的兴趣，认识也就会越加深刻，其审美价值也就随着人们认识的深刻而变得越大。

重视审美价值，是中国文人的一大特点

在古代文人的眼中，审美价值要远远高于实用价值。白居易有首咏竹诗："不用裁为鸡凤管，不须截作钓鱼竿。千花百草凋零后，留向纷纷雪里看。"（《题李次云窗竹》）这首诗体现了白居易的一种观点就是：竹子的价值不在于实用方面，比如制作笛箫、渔竿等；而在于审美的方面：千草百花凋零了，它还那么青翠，虽然风吹雨打，雪压霜侵，它还是那么坚挺。

审美价值看似无用，但是，人们的生活中离不了审美价值。苏轼在他的《于潜僧绿筠轩》一诗中就表明了审美价值的重要性。该诗紧接过王子猷"何可一日无此君"的雅兴，仅以"可使食无肉，不可居无竹。无肉令人瘦，无竹令人俗。人瘦尚可肥，人俗不可医"等寥寥几句，言语不避浅近，而说理力求深刻透彻，并且生动形象，就将竹子的清高傲岸和诗人鄙视庸俗、追求高尚的思想品格表露得淋漓尽致，惟妙惟肖。在苏轼看来，没有肉吃，人会变瘦，但是居住环境没有竹子，就会让人变俗。人一时瘦点不要紧，可以再肥起来；人一旦变俗了，那就没有办法可以治了。而竹子是非常宝贵的，能够让人的精神愉快、清爽，脱去俗气。

很多文人像苏东坡那样，轻视物质享受，看重审美价值。例如清代郑板桥的另一首题竹诗"乌纱掷去不为官，囊橐萧萧两袖寒。撷取一枝清瘦竹，秋风江上作渔竿"，等等，这些既是对竹之精神、竹之风韵的胸墨倾吐，也是对自己一身清寒、两袖清风的自画肖像，更是对中华历史上一切有节操、坚贞不屈和关心民间疾苦的忠直文人的生动

写照，无不集中地表现出了中华竹文化深沉博大的思想内涵。

从这些诗中，我们可以看到，世间事物有两种主要的价值：实用价值和审美价值。竹子虽然可以作为渔竿具有实用价值，但人们更在意的是它的审美价值，审美价值虽无用，却给人以愉悦的情感，能满足人的精神需求，所以文人偏爱竹。

第三章

借我一双发现美的慧眼——美的发现力

学会发现身边的美

刚学摄影的人总会觉得自己拿起相机不知道该拍什么，其实能让你拍摄的内容很多，著名雕塑大师罗丹曾经这样说过"生活中并不缺少美，缺少的是发现美的眼睛"。生活的确如此，摄影者不能把美仅仅局限于山水天空，花草树木，帅哥靓女……还有那些平时见惯却都不大在意的静物，它们同样蕴藏着美——含蓄的美，是需要摄影者去发现感悟的。不仅仅是摄影者，生活中很多人明明都能看得见却总是不能发现生活中的美。那么，如何才能学会发现生活中的美呢？

美在平常的视觉

"有的时候，我心中呼唤，让我再看看这一切吧，哪怕是一秒钟也行。单单是摸一摸，大自然就给了我这么大的欢乐，假如能够看清楚的话，那应该会有多大的兴奋啊！可是，那些看得见的人什么也看不到。那充满了这个世界的五彩缤纷的景色和千娇百媚的表演，都被视为自然而然的事情。人就是有点怪诞不经，往往轻视已为我们所拥有的东西，却去梦想那些我们不曾拥有的东西。在一片光明的世界中，只把视力的天赋视为一种使生活充实起来的手段，这是多么的可惜啊……假如对于那些在他们面前滑过而不曾引起关注的东西他们能真正看明白的话，那么，他们的生活就会平添许多绚丽多姿的快乐和情趣。对于他们身上那些处于沉睡状态的懒散的感官，他们应当努力去把它们唤醒过来。"这是海伦的《假如给我三天光明》中的一个选段。

通过这段文字，我们可以很明确自己之所以往往不能发现自己生活中的美，是不重视自己已经视为平常的视觉。而就是最平常的东西，对于看不见的海伦都是一种奢求。

事实上，每件事物身上都可能蕴含着美，只不过它们或隐或显，有时可能要在某些机缘之下才能表现出来。比如，餐后的盘子可能十分脏，当我们将其洗干净时，盘子在水滴的映衬下，显现出洁净之美来；一只喝光了酒的红酒瓶可能并不美，可当朝阳的光正好透过它，在地上映现出亮眼光斑时，我们就可能发现红酒瓶的材质之美。

生活中的美常常来自一些细小的事物，但是因为人们觉得太过平常，所以常常会忽略。《华严经》说："一花一世界，一叶一如来。"这告诉我们，虽然是说佛土中的花，但从佛陀的拈花微笑中，我们可以知道，这里的一花、一叶更指大千世界任何细微事物。我们可以走过名山大川来感悟世间变化，也可以通过一花一叶的变化感悟得到，细微之处所包含的是更广阔的美。

可见，美随时可能出现在身边最平凡的事物上，只要我们能时刻带着发现美的眼睛从细微之处去观察世界，多多珍惜平凡的美，·就能有所收获。

美在美的思考

很多平凡事物的美有时可能不能从表象上看出来，所以在看细微事物的时候，我们不能只是看，而应该更多地思考。很多人不能欣赏绿叶上七星瓢虫的美，是因为从不会思考七星瓢虫的一团红色在叶子绿色的补色下会变得尤为突出；很多人不能欣赏水滴在光线照射下的珠光的美，是因为不会思考如此细小的水滴也能折射出太阳的光辉；很多人不能欣赏一朵小花盛开的美，是因为不会思考柔弱的生命绽放绚烂的瞬间；很多人不能欣赏盘子上呈现出花朵图样的油渍的美，是因为不会思考这种巧合中的奇迹。如果人们养成善于这样思考，养成一种美的心态，不仅能让自己获得更多的感悟，还能让自己养成为细节而思考的习惯。

美在拥有内在的眼睛

前面我们提到过，英国伦理学家、美学家夏夫兹博里认为人们拥有着除了通常的五官之外的"内在的眼睛"。他还认为世界是"神的艺术作品"，整体和谐、节拍完整、音乐完美。恶和丑只是部分的，它们的功用在于衬托整体的和谐。人们对善恶美丑的分辨既然是直接的，所以就是自然的，即天生的；分辨的动作既是自然的，分辨的能力本身也就只能是自然的，即天生的；人心并不像洛克所说的生来就只是一张白纸。虽然这不免戴上了一副有神论和经验主义的眼镜，但是练就一双"内在的眼睛"对审美来说是不可缺少的。

人们要想学会发现身边的美，还要善于擦亮自己内在的眼睛。推崇现代禅学的赛斯在其《梦与意识投射》一书中提供了一种独特的练习方式，其步骤如下：

第一，找一个能够允许你仔细观察自己的环境；

第二，用心去感受那个环境的一切，用内在感觉去触摸一杯水、一棵树、一朵花、一根枝杈、墙壁、空气，试着用你心中的触觉去感受它，而非外在感官；

第三，比较它们在你内心感受的差异性，譬如两株不同的小草，会让你产生不同的感觉；

第四，想象你变成它们，变成一棵树，一株小草。

赛斯认为所有物质都有其意识，只要我们试着用心感受它们，就能发现它们的美。因为我们日常生活中太习惯以外在感官（听觉、视觉、嗅觉、味觉、触觉等）来认识这个世界，而这个练习的目的，是要让你熟悉你内在感官的运作，唤醒你内在的眼睛，去发现你身边的美。

联想，让美感力变得更丰富

一年中秋佳节，闲来无事的辛弃疾登楼赏月，不承想在这本该是花好月圆的中秋之夜，月亮却被整个云层遮挡住。但是如此的景象没有败坏辛弃疾赏月的雅兴。并由此景象作词一首：可怜今夕月，向何处、去悠悠？是别有人间，那边才见，光影东头？是天外空汗漫，但长风浩浩送中秋？飞镜无根谁系？嫦娥不嫁谁留？谓经海底问无由，恍惚使人愁。怕万里长鲸，纵横触破，玉殿琼楼。蛤蟆故堪浴水，问云何玉兔解沉浮？若道都齐无恙，云何渐渐如钩？这就是后世广为流传的《木兰花慢》。辛弃疾在乌云当空的境况下，并没有陷入惆怅，而是插上联想的翅膀，塑造了月亮从东方升起的美好境界。

一件事物有它本来的外在面貌，我们对事物的认识不能仅仅停留在事物的表面，而是要经过联想，把此事物和别的事物联系起来，把没有的东西无端地生发出来，这样才能大大增加事物的美感力。

联想是审美中一种常见的心理活动

客观事物是相互联系的，客观事物之间的各种联系反映在人脑中就产生了各种联想，有反映事物外部联系的简单的、低级的联想，也有反映事物内部联系的复杂的、高级的联想。它是指人们根据事物之间的某种联系由一种事物想到另一种相关事物的心理过程。在人们的审美感受中，联想是一种很常见的心理活动。

联想是指用一事物而想起与之有关事物的思想活动，联想是暂时神经联系的复活，它是事物之间联系和关系的反映。联想可分为相似联想、接近联想、对比联想、因果联想四种方式。苏堤的诞生就得益于苏东坡丰富的联想，苏东坡当年在杭州任地方官的时候，西湖的很多地段都已被泥沙淤积起来，成了当时所谓的"葑田"。苏东坡多次巡视西湖，反复考虑如何加以疏浚，以再现西湖美景。有一天，他想到把从湖里挖上来的淤泥堆成一条贯通南北的长堤，这样既能便利来往的游客，又能增添西湖的景点和秀美。可谓一举两得，苏堤于是诞生了；在《白杨礼赞》一文中，作者由白杨树联想到北方的农民，并把两者的美结合起来；等等，这都是我们所谓的联想。

联想可以扩大美的范围

每个人都有丰富的想象力，能将一件事物与其他的事物进行巧妙的联系。当我们看到大雁南飞时，就会想到家；当我们看到鲜花时，就会想到愉悦的心情；当我们看到金黄的树叶时，就会想到丰收的果实。联想能够让人从一件事物的美联想到其他事物的美，在无形当中扩大了美的范围。

唐朝举子崔护进京赶考，无奈名落孙山。心情郁闷的他在清明时节到京城南郊春游，走了一段时间，便感到口渴难耐，便到一户农家讨口水喝。崔护叩开门时，映入眼帘的是一个眉清目秀的曼妙少女。她热情地给崔护端了碗水，然后倚在桃树旁，含情脉脉地看着崔护喝水。崔护无意当中，抬头相看，只见少女与桃花交相辉映，甚是美丽。少女被看得不好意思了，就转身入房去了。崔护看着少女的身影，恋恋不舍地离去。下一年的这个时节，崔护又来到此地。叩门却没有人开门，无奈之下，崔护题诗一首，悻悻离去。这就是让崔护一举成名的《题都城南庄》：去年今日此门中，人面桃花相映红。人面不知何处去，桃花依旧笑春风。少女看到这首诗后，害相思病病倒。几经周折，有情人终成眷属。崔护就是利用联想，把上年的美丽场景再现出来，并且把美的范围进行了扩大，极力渲染了桃花之美和人之美。

联想的重要作用就是丰富一个事物的内涵，让它拥有更丰富的美感意义。比如《天上的街市》这首诗，作者由天上的明星联想到街上的明灯，又由街上的明灯想象到天上必定有美丽繁华的街市和街市上闲游的平民、农民，于是又联想到传说中的牛郎织女，联想到他们提着灯笼、骑着牛涉过天河，在街上自由地行走。作者就是通过联想创造出一幅真切清新的画面和美丽动人、寓意深邃的形象，把天上街市之美进行扩大。

联想可以创造美

"江南四大才子"之一的唐伯虎曾作过一幅《川上图》，画的是一个人牵驴过桥的情形。桥下溪流湍急，并且翻出浪花。桥上的小毛驴因为害怕，怎么也不肯上桥，牵驴人为了让它上桥，使尽浑身的力量拉着它。此画挂在一家画铺里，售价是 100 两银子，可以说是价格不菲。当时，有个人打算买这幅画，画铺老板很是高兴，也很是好奇，它把画取下来，仔细打量，想探寻这幅画的魅力所在。老板没发现魅力，却看出了瑕疵：牵驴人用力拉着毛驴，却没有画出缰绳。他担心买主因为这个瑕疵而不买这幅画，于是在画上添了一条短绳。可就在第二天买主来取画时，突然说不买了，原因是画上无端地多出了根绳子，他喜欢的就是没有绳子的感觉，这样才能给人以想象，这也是画家的本意所在。画铺老板听后，对自己的画蛇添足后悔不已。唐伯虎就是用联想创造美，没有绳子正是他这幅画的美之所在。

可见，美是通过联想创造的，有的事物或许并不是那么的完美，可是在联想的驱动下，本来很平凡的东西呈现出美的姿态，很多音乐家和画家等都是通过联想来创造美的。艺术品就是艺术家脑中联想到的物体的再现。不管是文学作品中的《茶花女》《钦差大臣》，还是音乐中的《我的太阳》《二泉映月》，抑或雕塑中的《大卫》《断臂的维纳斯》，无不是联想催生的杰出作品。联想创造的美是无止境的，是耐人寻味的，需要人进行仔细的琢磨。

 # 升华审美情趣，发现事物的内涵之美

在西晋，有两个非常有名的人物，一个就是美貌的潘安，另一个是丑陋的左思。潘安自幼英俊潇洒，风流倜傥；左思相貌丑陋，并且口吃。潘安虽美，可是狂妄自大，目空一切。并且喜欢趋炎附势，长于阿谀奉承。通过自己的这一手段，与巨富石崇成为朋友，觅得黄门侍郎的职务。随后又成为权臣贾谧的走狗，极尽阿谀奉承之能事。左思相貌虽丑，可为人高风亮节，谦虚识礼。并且有满腹的才华，呕心沥血创作《三都赋》，并一举成名。

潘安之美，美在其表，可完全没有文人的骨气；左思之美，美在其德，是真正的内涵之美。一个人的长相其实并不是很重要，最重要的是其内涵之美。没有节操的人即使外表再美，也是华而不实的。世间万物都是这样，华而不实的东西是不会长久存在的。只有具有内涵之美的事物才能得以永存。

真正的美在于内涵

内涵是一个模糊的概念。它既是个性的特征内容又是一种个性色彩，内涵是一种抽象的感觉，是某个人对一个人或某件事的一种认知感觉，内涵不是广义的，是局限在某一特定人对待某一人或某一事的看法。内涵不是表面上的东西，而是内在的、隐藏在事物深处的东西，需要探索、挖掘才可以看到。科学界的定义是：主体里的隐魂、气质、个性、精神被我们用情感的概念，创作出来的一切属性之和。

对于人来说，内涵是内在的涵养，内涵与气质颇为相似。可以是平凡和高雅，也可以是朴素和低调；对于物来说，事物的特有属性是客观存在的，它本身并不是内涵；只有当它反映到概念之中成为思想内容时，才是内涵。内涵是内在的能够让人体会到的内心实在之美。

大自然的内涵之美

内涵之美存在于人们的心中，总体来说内涵之美是区别于外表之美的东西。苍松的内涵之美在于屹立峰顶，不管风雨霜雪，勇敢地抵挡寒冬。苍松没有芳香的花朵，也没有伟岸的身姿，但它有王者风范，这就是青松的内涵之美；小草虽然渺小，但是它有顽强的生命力，没有什么可以阻挡它成长的脚步。"离离原上草，一岁一枯荣。野火烧不尽，春风吹又生"。这就是小草的内涵之美。

真正的内涵之美是一种自然的美、是一种真实的美，美就是真的表现。所以残缺也是一种内涵之美。残缺存在于美的整体中、折射出美的内涵，局部的缺陷恰好衬托出整体的美，由此构成的残缺之美，却可给人以独特的审美享受。这就是美的真正内涵。残缺的景观、文物等，给人以自然的美感。残缺美，以特殊的美的形态存在于我们的生活当中。有一段裂纹或者杂质的古董，具有瑕疵的名画，它们呈现出的都是内涵之美。

人类的内涵之美

对于人来说，真正的美不在外表，而在于一个人的涵养。人的内涵之美是充满内部修养的爱与善。人性真正之美的内涵是真善美，它们存在于人类的思想领域和行为领域。同时真善美是一切哲学的基础和出发点。我们均是生活着的平凡的人，我们能够感受到自然界的美和丑。但是丑的东西未必真的丑，在很大程度上，它们具有内涵之美。

　　人类的真正内涵之美是理念、灵魂、精神之美，是自然之美，是朴实之美。良好品格的内涵就是诚实、公正、勇敢、善良。具有内涵的人是有智慧的，智慧教给人们如何正确辨别事物，并用正确的方式面对生活，具有智慧的人是最美丽的；具有内涵之美的人喜欢公正，他们总是畅想着去建造一个更为公正合理的世界。具有内涵的人拥有坚忍不拔的精神，在面对困难时，他们总是能够用惊人的毅力克服困难，迎接失败；具有内涵之美的人具有积极的人生态度，他们对生活充满希望，积极地面对人生的每一次挑战；具有内涵之美的人都很谦逊，戴维·艾萨克说："谦逊不但可以使我们认识到自己的不足，还可以使我们认识到自己的能力所在，谦逊能督促我们去发挥才能而不是为了吸引别人的注意或赢得他们的掌声。"谦逊可以使他们意识到自身的不足，引导他们努力成为更好的人。谦逊同时给人一种高风亮节的感觉。

　　人类的内涵之美还美在礼仪，礼仪是一种态度，一种修养。一颦一笑、举手投足都是内涵之美。源远流长的五千年华夏文明赋予了礼仪内涵之美。富有魅力的礼仪、得体大方的谈吐，会给人留下深刻的印象。

　　所以，内涵之美不在于外表，而在于内在，其貌不扬的人未必没有丰富的内涵；外表光鲜亮丽的人未必具有真正的内涵。

第四章

看戏看门道，审美讲诀窍——美的欣赏力

 **是艺术品，还是垃圾**

1969 年德国著名的概念艺术家波伊斯展出了一件标题为《浴缸》的装置作品，这件作品是一个儿童浴缸，它周身涂满润滑机油，并且贴满了一块一块的医疗用的胶布。在这件作品展出期间，德国社会党党部刚好在展览会场内举办地方党员大会。来布置会场的人员看到这脏兮兮，并且贴满胶布的儿童浴缸，感觉十分不舒服，所以他们叫清洁工把这个浴缸清洗干净，之后，他们把洁净的浴缸搬到会场，然后在浴缸内放入了大量的冰块，把它当成冰啤酒的桶来使用。波伊斯知道了这件事情，十分恼怒，他到法院控告该市社会党的地方党部。结果是波伊斯胜诉，并得到了 8 万马克的赔偿金。对待同样一件艺术品，社会党党员认为它是垃圾，波伊斯却认为它是艺术品。造成这种现象的主要原因是审美误解，现代艺术正面临着各种各样的误解，艺术品的创造者和艺术品的欣赏者存在很大的对立性，因为艺术是艺术家个人意志的体现，是一种脱离了现实的审美活动，而艺术欣赏者是在用大众的眼光来对待艺术品，他们有时无法融入艺术家的内心。

注意！艺术品是艺术家精神的再造，不是垃圾

很多人不理解为什么有些东西明明是垃圾，却被当作艺术品。其实，要注意了，艺术品是艺术家的精神再造，是艺术家灵魂的体现，艺术家把艺术品当作精神寄托，努力在艺术品上表达自己的思想，这些被创造出来的艺术品往往具有丰富的内涵、深厚的底蕴，所以是一

种艺术。凡·高世界闻名的作品《星夜》就是作者精神的再现，《星夜》展现了一个高度夸张变形与充满强烈震撼力的星空景象。整个画面线条粗糙、混乱不堪，画面上充斥着卷曲旋转的星云，星光被放大，显得十分的耀眼，最重要的是画面上那一轮令人难以置信的橙黄色的明月，朦朦胧胧。整个画面充满了昏黄、迷离、暗哑的色彩。

《星夜》自1889年诞生以来，一直是学者们心中的难解之谜。对于这幅充满了象征意象的作品，凡·高几乎从未解释过其创作动机。艺术史学家多年来一直在猜测它的创作缘起，也由此产生了众多推测。但是猜测只是猜测，它永远都代表不了作者自己的思想。《星夜》是凡·高精神的再造，他是想通过这幅图画来表达自己对现实的想法。他或许是在表达一种消沉的情绪，这种情绪或许是郁闷，但更有可能是激愤！那轮从月食中走出来的月亮，暗示着某种神性；那夜空中蟠龙一样的星云，以及形如火焰的柏树，象征着自己在现实生活中的挣扎与奋斗的精神，整幅图画表现出凡·高躁动不安的情感。

这就是艺术品，赤裸裸的艺术家精神的再造。这种精神再造，完全是艺术家个人情感的宣泄，是艺术家在寻求表达内心情感的最好凭借。不管是绘画还是音乐、雕塑，抑或文学创作，都逃不开这种模式。正因为如此，艺术品才能形态万千，熠熠生辉。所以，即使看不懂也不要把这些艺术品当作垃圾，如果能学会欣赏这些艺术的美，那么你的美感力就达到一定境界了。

有时候排斥和批判也是美感力的一种体现

不管是以前，还是现在，很多人都会对所谓的艺术品产生误解。这种误解是可以理解的，因为艺术品是创作者个人意志的体现，他们用不为众人熟知的方式来创造自己的艺术品，有的时候他们创造的艺术品，还会脱离大众的正常审美眼光，甚至对正常人来说这种创造方式是荒诞的、不可理解的。就像《浴缸》中社会党员认为干净的浴缸才是最美的，而对于艺术家来说这就是对自己作品的损坏。所以，审美误解是造成"认为艺术品是垃圾"的重要原因。

对于普通大众来说，抽象艺术是不可理解的，他们认为简单的线条或者是几何图形就能称为艺术品是比较可笑的，是不可理喻的。但是，对创作者来说，抽象艺术是一种高雅的艺术，一种可以表现自己内心情感的艺术。

2010 年 5 月 22 日，《伟大的天上的抽象》在元典美术馆展出。这场中国当代抽象艺术的盛宴由国际著名策展人阿基莱·伯尼托·奥利瓦策划，这次展览是继中国美术馆八天的展览之后，再一次在元典美术馆开幕。这次展览，呈现的作品完全是抽象艺术的作品，在这次展览中，有一个被中国误解的非抽象俄国艺术家马列维奇。他这次展览的作品是《白色底子的黑方块》，在这幅图画里，充满的是明明白白的方块，除了方块还是方块。很多人认为这种作品不能称为艺术，因为他们认为任何一个人都能画出这样的作品。他一直受到大多中国观众的误解，认为这是作家在无理取闹。其实，事实并不是这样的，马列维奇是至上主义艺术的奠基人，他在以抽象的符号艺术样式来表达对世界的不同看法与观点。

《伟大的天上的抽象》是中国当代抽象艺术一次畅快的宣泄。它暗合了老子"大象无形"的思想，呈现出不拘泥于一定的形态和格局的宏大气势。很多人会对抽象艺术产生误解，这其中的重要原因是审美观的不同，不是所有的人都明白抽象艺术，也不是所有人都能接受抽象艺术。如此，有人把艺术品当作垃圾就无可厚非了。

但要注意的是，即使把艺术品当成垃圾，即使人们不能接受和理解这些抽象的艺术，并不代表人们没有品位和不懂审美，每个人都有自己所能接受的审美标准，不一定非要对任何事情都能接受，有时候排斥与批判也是美感力的一种体现。

站在大众审美的肩膀上进行超越

2009 年，由龚琳娜演唱的歌曲《忐忑》荣获欧洲"聆听世界音乐"最佳演唱大奖。但是这首歌曲真正受到追捧是在 2010 年北京新春音乐会后，很多网友称之为"神曲"。接下来网友对之疯狂地传播，各大媒体争相报道，甚至许多一线明星都争相去模仿。可随着时间的推移，这首"神曲"的影响似乎在慢慢地减淡。这样一首古怪的歌曲，为什么能够受到如此的追捧？为什么它在遭到极力的追捧后又慢慢地归于平淡？

在现实生活中，很多人都陷入相互攀比的泥淖不能自拔。在网络上，我们常常可以看到媒体爆料，某某明星花费巨额资金购买豪宅或者名贵的汽车；在大街小巷，我们常常可以听到有人拿着包包说"这是 LV 的"；有的人拍着自己的西装说"这是阿玛尼的"；有的人晃着手腕说"这是欧米茄的"。为什么大家都沉浸在自我炫耀之中？

不论是"神曲"迅速蹿红后的平淡还是大街小巷的炫耀，都源于大众审美的滞后性。大众审美的滞后性表现在：好奇心之后的喜新厌旧；无休无止地攀比炫富。这一切是不利于个人审美力的提高的，要提高个人的审美力，就要摒弃这些做法，要在不偏离大众审美轨道的基础上进行超越。

抛弃喜新厌旧

Wittmann 和她的同事们与 20 名志愿者在玩一种"赚钱游戏"，

Wittmann 扫描了志愿者的大脑。在游戏中，她向志愿者展示了 4 张图片，这些图片从 20 张银行明信片中随机抽出，都是不同的风景图。Wittmann 让他们从中挑出一张，并根据挑出的图片给予不同的现金奖励。在游戏进行中，志愿者们知道了哪些图片价值更高。

Wittmann 通过游戏发现有趣的现象是在游戏进行一段时间以后，研究者在图片中插入新的风景画片。她发现，志愿者大多选择新的画片，而不是那些价值高的画片。

这个游戏告诉我们喜新厌旧是人类的天性，事实也是如此，人从幼童时代就充分表现出这种本性：儿童总是喜欢新的玩具而把玩腻了的东西抛在一边儿，而去玩一些新买的玩具。有的时候尽管旧有的玩具比新玩具贵重、漂亮得多，他还是会扔掉旧的，去抓取新出现的。

他们是把新奇与否当作衡量事物的价值标准。人就是这样，总是对那些新奇的东西充满好奇。商店里新上架的衣服、化妆品总能吸引一大批的顾客。科学家通过研究发现新奇物品能激活大脑的奖励机制，指示人去探索新的东西，所以很多商家只是把商品重新包装一下，就取得了很好的销售效果。在其他方面，也有喜新厌旧的表现。歌听久了会厌；食物吃多了就烦；书看一遍就不想再看第二遍。喜新厌旧还体现在人与人之间，常在一起的夫妻会产生视觉疲劳，很多人会选择寻找刺激，搞婚外恋、一夜情，甚至频繁地离婚。好莱坞明星伊丽莎白·泰勒，一生就结了八次婚。

这一切都归结于大众审美，很多人总是对新奇的事物充满好感，总是想尽办法去尝试，可一旦尝试过后，他们会觉得乏味，于是去寻找新的东西。要想提高自己的审美能力，就要避免喜新厌旧。在选择商品时，我们要进行理性的思考，看它们是否真的符合自己的要求。在进行文艺欣赏时，要以客观的心态去对待它，从中去寻找旧事物的美。在感情问题上，不要盲目地追求刺激，要用道德观、责任感和传统信条来约束自己。这样才不至于使自己迷失了个性，才能最大限度地提高自己的审美力。

不要盲目攀比

攀比也是大众审美的滞后性的一个重要方面。我们一直都生活在攀比中。在孩子没出生之前，家长们在攀比谁为孩子制造的生育环境好；在孩子很小的时候，家长们会比谁家的孩子漂亮，谁家的孩子乖。在生活中，攀比的例子比比皆是。特别是在消费这一方面，中国人在消费中更看重别人的看法和意见，更关注个人消费给周围人带来的影响。中国人不论富穷，不论贵贱，都有面子情结。也就是说自己购买的东西要体现自己的面子。这就形成了消费市场上的盲目攀比，怀有这种情结的大众想法是：别人有的东西我也要有，而且我的要比他的好；别人没有的我要有，而且越贵越好。这种攀比心理导致了畸形的消费现象，人的大众审美也出现了扭曲。这就导致了许多奢侈品大量出现，很多名贵的东西，甚至是高雅的艺术品大量地出现，又被大量地抛弃掉。

要消除攀比心理，就要看看自己所处的环境条件，是否允许自己做这样的事，是否可以很好地做这样的事。当发现自己的条件不吻合去完成攀比的效果，就要自动放弃。要提高自己的审美能力，就要抛弃这种错误的做法，养成正确的审美观。时常提醒自己最贵的东西不一定是最美的，要在平凡的事物上寻找美。

让美感力在创作中提升

　　并不是每个人都能够沉浸在高雅的艺术中不能自拔，对于那些对绘画、音乐、舞蹈等高雅艺术不感兴趣的人来说，欣赏这些东西无异于折磨，他们最喜爱的是动手去做，而不是简简单单的听和欣赏。很多时候，美感力的提升是在日常的生活中慢慢地形成的。有的人喜爱织毛衣或者织围脖，有的人喜欢插花，有的人喜欢刺绣，有的人酷爱茶艺，等等。这些充满生活情趣的事情在无形中就提升了人的美感力。所以，要想提高自己的美感力，可以选择日常生活中自己喜欢做的小事。

针织提升人的审美情趣

　　针织作为一项艺术创作，能够很快提升人的美感力，因为在针织时要考虑毛线的颜色、针与针的巧妙集合，以及花纹的针织方法，都是需要经过思考的，这种思考的过程，就是美感力提升的过程。

　　在织毛衣时，选择好毛线的颜色是毛衣漂亮的基本步骤，同时，考虑好图案的搭配，会让毛衣呈现亮丽的色彩。肉粉色织花套头毛衣，搭配时尚的织花让毛衣品质感十足；披肩式套头毛衣，追求不规则的形状，再配以大麻花花纹，会给人青春涌动的感觉；嫩绿色套头毛衣，搭配心形图案，会让人显得很有淑女味；裸色套头毛衣，配以凸凹不平的小花纹，会显得清爽亮丽；草绿色休闲套头毛衣，配以穿孔似的花纹，会让人充满青春的气息。这种对颜色的筛选和花纹的思考过程就是感受美的过程，也是审美情趣提升的过程。

除了以上两种方式能够提升美感力，在织毛衣的过程当中也能提升美感力。织毛衣要用手工针织，手工针织使用棒针，历史悠久，技艺精巧，花形灵活多变。在织毛衣时要充分考虑到何时起针，针与针之间如何配合，如何才能织出自己想要的花纹图案，如何才能结针。这个思考的过程就是追求美的过程，在整个思考过程中，自己会不断地否定自己，直到找到最理想的解决方案。如此，美感力就能在不知不觉中提升。

书法能够提升人对美的欣赏能力

书法是一门高雅艺术，它聚集天地万象之形，融合古今圣贤之理，书法是中华民族灿烂文化的瑰宝，是中华民族智慧的凝结，书法具有形神俱美的特质。所以练习书法可以提高人对美的欣赏能力。

练习书法时，可以深刻理解形体美，汉字的形体美包括两个部分：一是结构美，二是笔画线条美。汉字的结构具有形式美的规律，所以，书法要变化无穷又能归于整体的和谐统一。要讲究对称、均衡、放浪却不失稳重。书法还具有线条美，书法线条具有立体感、力量感、节奏感。书法的线条形态是不尽相同的，不同的线条引起的美感也不同，这就是出现"颜楷"高壮、"欧楷"威严、"赵楷"秀美、王羲之行书飘逸、怀素草书张狂的重要原因。另外，在练习书法时要追求章法美，章法美主要体现在字与字之间的连接、疏密程度，整幅书法作品上的留白。这些都是对美的追求过程，在练习书法时就会不经意地寻找美的表现形式，经过一段时间的练习，练习者对美的欣赏能力就能大幅度地提升。

茶艺提升人对美的感悟力

茶号称"国饮"，起源于我国，作为一种软饮料，已普及世界一百多个国家，随着时间的发展茶艺已成为一种特殊的生活艺术。对茶艺进行研究，能够提升人对美的感受能力。茶艺之所以能够提升人对美的感受能力，是因为茶艺有六大美感。它们分别指美在人、美在茶、美在水、美在器、美在境、美在艺。

第一是茶艺之美"美在人"，也就是说从事茶艺的人必须具备形体美，还必须具备心灵美，因为茶与人相通，只有这样的人调出来的茶才会更有味道。第二是茶艺之美"美在茶"，茶之美在于茶本身，观茶之美要听其名、观其色、闻其味、察其形。高雅的茶都有高雅的名字，比如碧螺春、龙井、铁观音、普洱，等等。茶艺重茶的"色、香、味、形"，色彩要淡雅、透彻，香味要醇厚，入口要甘醇，形状要有特点。第三是茶艺之美"美在水"，泡茶的水要达到"清、轻、甘、洌、活"五项指标，这样的水泡出来的茶才是茶中上品。第四是茶艺之美"美在器"，好的茶要在好的茶器里才能泡出好的味道，精美的紫砂壶、白瓷壶是茶器上上之选。第五是茶艺之美"美在境"，首先饮茶的环境要美，不能在喧闹的环境下，要选择清幽的场所；其次，饮茶人的心境要平静，这样才能真正沉醉在茶的香气之中。第六是茶艺之美"美在艺"，这主要是指茶艺表演的艺术美。

整个茶艺展示过程，就是对美感受的过程，是强烈追求美的过程。学习茶艺，可以提高一个人的感悟能力，可以真正地体会到传统文化的魅力所在。

第五章

让美成为一种本能——美的表现力

随时表达美的感受

宋末明初画家王冕本是个放牛娃，一日放牛累了就在绿草地上坐着休息。不大一会儿，浓云密布，大雨倾盆似的下了起来。大雨过后，黑云渐渐散去，透出一派日光来，照耀得满湖通红。树枝像被水洗过似的，青翠欲滴。湖边的山上，青一块，紫一块，煞是美丽。湖里有十来枝荷花，荷苞上清水滴滴，水珠在荷叶上滚来滚去。王冕被这美丽的景色迷住了，他心里想道："古人说的人在图画中，不过是此番景象！可惜我这里没有一个画工，把这荷花画他几枝，也觉有趣！"王冕心里又想："天下没有学不会的事？我何不自画他几枝？"从此以后，王冕就潜心于学画画，并取得了较高的成就，尤其是他画的荷花，可谓形神兼备。

王冕之所以能够成为伟大的画家，就是缘于在一瞬间发现了荷花的美，并且把这种美真切地表达了出来。由此可知，要善于把美表达出来，因为只有把美表达出来，才能强化个人的美感。所以，在看到美的事物时，千万不要压抑自身的情感，要勇敢地把美表达出来，可以大发感慨，也可以挥笔成画，更可以向别人表达内心的愉悦之情。

把美说出来

勇敢地把自己对美的感受说出来，才能强化自己对美的认知，比如在听音乐时我们要把音乐美的旋律和表述的感情付诸口头。假如我们听歌剧《波希米亚人》，在剧终时，咪咪病死在诗人鲁道夫的怀里，鲁道夫声嘶力竭地叫喊着咪咪，此时，带有沙哑声的铜管乐器的巨大声响也在呼喊着，但是铜管乐器是奏不出清晰的"咪咪"音的，可是它的音调是鲁道夫真情的反映。听到这里，我们可以自言自语，或者告诉身边的人，此时的音乐是在表达主人公悲伤的心情。把这种音乐的美感表述出来，不仅能告诉别人音乐在表达什么，同时能提升自己的审美能力。

在看过黄公望的《富春山居图》后，我们要敢于把自己的想法说出来，我们可以把画的风格美和情调美说出来，我们可以告诉别人这幅图境界阔大，气势恢宏。平沙则用淡墨勾勒，完美地展现出平沙的状态；山峰多用长披麻皴，准确地表现江南丘陵的特征。整幅画在布局上采用积树成林、垒石为山的方法，给人无尽的遐想。整幅画表达了作者对富春山水的热爱。如果羞于开口，就把它写成观后感，把自己对整幅图画的感受描绘出来。

所以，要善于把美诉诸口头，这样才能增强自我审美的能力。在看到大自然的美丽时，要善于抒发自己的情感，赋诗一首或者高歌一曲，如果身边有人的话，就把美丽之处给别人娓娓道来，不好意思的话，就把它写成日记，或者干脆在网络个人空间里，或者微博上来表达自己的内心感受，以求得与人分享。这样，不仅能够让人体会到自己的心情，还会不知不觉地提高自己的审美能力。

随时存储看到的美

有的意境只可意会，不可言传，特别是对于没有美学基础的人来说，要想成功地把自己对美的感受说出来，似乎是一件非常困难的事情，看到美景，没有美学基础的人也会生发感慨，但是这些感慨似乎只能游走在正确感知的边缘。一旦脱离了当时美丽的场景，就很难再回味起当时景色美在何处。所以，为了不让自己对美丽景色的感知消失或者淡忘，就要善于把美存储下来。

最理想的办法是随身带个微型摄录机，没有微型摄录机的话，相机也可以，如果连相机都没有，可以拿手机，现在很多的手机都具有拍照功能，虽然拍下的画面没有微型摄录机和照相机清晰，但是也能大致拍下当时的情景。在拍摄时，也要运用一定的技巧，如果是拍美丽的风景，要动静结合，不要只拍澄碧的湖水和几根柳枝，这样的画面，会给人以沉寂单调的感觉。要同时拍下水面上的鸭子或者鸳鸯，这样就会给人以动感，同时可以清晰地展现水面波动的涟漪。所以，在看到美丽的景物却没有办法用言语形容时，就要努力地把当时的场景记录下来，事后再对美丽的景色进行赏析。

如果是听音乐，就可以随身携带录音设备，把音乐录制下来，然后回去仔细品味音乐的意境，把自己的感受写出来。当然，这种方法只适合在听音乐会时使用，因为好多音乐都可以在网上下载。

对于没有美学基础的人来说，为了不让美在眼前无端地消失，就要把美存储下来，现代社会中的一切设备足以让我们记录下身边美丽的瞬间。但是，存储不是目的，目的是存储之后的再感知，能够正确形象地把美表达出来，以提高自己欣赏美的能力。

 **画龙点睛的力量**

南朝梁的名画家张僧繇擅写真、描绘人物，也善于画龙、鹰、花卉、山水等。他作的画活灵活现，形态逼真。有一次，他到金陵安乐寺去游览，一时来了兴趣，就在寺庙的墙壁上面画了四条龙，可是没有画眼睛。有人就问他："为什么不画龙的眼睛呢？"张僧繇回答说："眼睛是龙的精髓，只要画上眼睛，龙就会飞走的。"大家哈哈大笑起

来，认为他在说疯话。为了证明自己所言非虚，张僧繇提起画笔，运足了气力，刚给两条龙点上眼睛，立刻电闪雷鸣，乌云滚滚，两条蛟龙腾空而起。人们惊得目瞪口呆，全都傻了眼。这就是"画龙点睛"的故事。这个故事告诉我们给事物适当添加东西就能够使物体变美，这就是添加的力量，在我们平常的生活中恰当地添加东西就可以把本来不美的东西变美，但是在添加的过程中注意添加要与风格相配。

添加的力量

很多事物往往因为单调而显现不出来美，如果适当地给这些事物添加别的东西，它就会变得活灵活现，这就像中国的山水画，山水画中喜欢为小溪添加青苔，这种添加等于画龙点睛，能够表示远处丛树、杂叶；这种凸显的青苔能够攻破一下皴法的枯燥，使画面更有情势美。添加在绘画中经常用到，比如，在人物画中要添加适当的图景，以使人物更加生动。在风景画中要适当地添加人物，以使画面更加生动。这些添加，都会增加画面的美感。增加美感就是添加的力量。吴道子是绘画大师，也是精于添加的高手，《故宫名画申明》里说"工画山川，翰朱秀润，善为烟岚景象形象。于峰峦岭嶅之中，林麓之间，常作卵石松柏与疏筱蔓草之种，相与映发；而幽溪细，屈直紫带，篱笆草屋，断桥危栈，真名山川之景趣。其画少年时多作矾头，古峰夷峻，风骨不群；老年仄仄趣高，世传得董源正传者巨然为最"。在山峦、林麓、岭嶅之间添加卵石松柏、疏筱蔓草；在幽溪旁边添加篱笆草屋、断桥危栈。这样就使整个画面更加的生动、美丽。

在绘画中是如此，在别的艺术中同样如此，艺术家们就是依靠添加来给主体事物作陪衬，以突出主体事物的美。在艺术中是如此，在生活中更是如此，如果有随意的青丝，可以搭配上一件镶钻的六角星发卡，这样就会给整个人增色；如果喜欢嬉皮风格，那么不妨在头上佩戴发圈，这样就会显得相当亮眼；如果喜欢可爱的风格，那么可以佩戴复古雕像蝴蝶结发卡，这样就可以把活泼可爱的一面展示出来；蝴蝶结波点发箍是很多女孩无法抗拒的元素，搭配上靓丽的淡妆，可以让人看起来相当洋气。除此之外，为衣服搭配小的饰品可以让整个人靓丽起来。如果是上班族，衣柜里的衣服色彩并不丰富的时候，可以运用小件配饰品的装点，这样就可以让整个人看起来焕然一新、灵动多变。

除了穿衣打扮之外，在家里适当添加些小东西，可以让整个屋子充满情趣。比如，在室内放几盆绿色的盆栽，或者在屋内养些金鱼，在屋里放置这些东西，就会使整个房间看起来生机勃勃。如果嫌家具单调，可以在家具上放置插满鲜花的花瓶。除此之外，可以在床头挂上中国结等一类小饰品，等等，这些添加会让整个房子充满温馨、和谐的气息，这就是添加的力量。

添加要与风格相配

添加可以增加美感，起到画龙点睛的作用，这并不是说所有的添加都会让环境变得更漂亮。添加要与风格相配，才能体现和谐之美，比如一幅用草书写成的书法，如果给它添加正楷的落款，就会使整幅作品看起来不伦不类。比如要画骄阳似火的夏天，如果在画面上添加皑皑白雪，就会给人荒谬的感觉。也就是说，添加要想起到画龙点睛的作用，就要做到和风格相配。

在穿戴上，复古的衣服就不要添加潮流的丝巾。同样，嘻哈的衣服同样不要配搭复古的丝巾。否则，整个人就会显得不伦不类。在屋内添加鲜花可以让整个房子看起来更加美丽，但是这种添加也要讲究技巧，如果整个房间是粉红色窗帘和众多色彩构成的春天般粉嫩的空间，要在房间里摆上水仙、鸢尾、小苍兰或者郁金香，这样就会给人"万物复苏，大地回春"的感觉。如果在这样粉嫩的房间里摆放一瓶黑牡丹，就显得不合时宜了。如果，整个房子的装修是现代简约风格，就可以在房间内摆上嫩绿的龙柳，或者富贵竹，因为它们都能表现出线条美。同时，要用细高的筒形花瓶盛装。这样可以使整个空间呈现简约的线条感。如果在这样的房间内放置大红大紫的花朵，就显得和整个环境不搭调。

添加是一种搭配艺术，搭配得当可以盘活整个空间，搭配不当给人不和谐的感觉。所以在添加东西时，要仔细研究主题的风格特色，要添加和主题风格相同或者相近的风格，这样才能起到画龙点睛的作用。

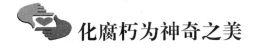

化腐朽为神奇之美

1974 年，美国政府为清理翻新自由女神像的废物，向社会公开招标。很多人不愿意去处理这堆废物，没有人应标。麦考尔公司的董事长麦考尔听说后以最快的速度赶到现场，麦考尔看到这些废弃物，爽快地与政府签下了合同。他的这一举动受到很多人的讥讽，因为纽约州的垃圾处理有严格的规定，处理不当就会受到环保组织的起诉。麦考尔没有理会，他组织工人把垃圾分门别类，把废铜融化铸成小自由女神像，把水泥块和木块加工成底座，把废铅废铝做成纽约广场的钥匙。甚至把从自由女神身上扫下的灰包装后卖给花店。麦考尔用了不到 3 个月时间，就把这堆废物变成了 350 万美元。

麦考尔的成功就是成功地完成了旧物改造，把腐朽化作神奇。破旧的物体并不一定都是垃圾，就是垃圾也有它的用途，只要进行改造，就能成为美丽的事物，并且在改造旧物的过程中，能充分感受到化腐朽为神奇的乐趣。

旧物改造的美

旧的物体是可以再创造的，现在社会上流行以旧翻新，这就表明只要对旧事物进行改造，就能产生美的事物。所以，在看到旧的事物时，不要厌弃它，也不要急于丢弃它，要想想它们是否能够被翻新利用。

在我国存在很多旧物改造的事情，古代建筑则不用说，改造使我们还能清晰地看到古代建筑的模样，很多地方因为改造还出了名，最有名的是位于广东省中山市区的岐江公园，岐江公园园址原为粤中造船厂旧址，总面积11公顷，其中水面面积3.6公顷，水面与岐江河相连通。在这个船厂内还遗留了很多造船厂房及机器设备，这些设备包括龙门吊、铁轨、变压器等。这个船厂建于20世纪50年代。为了把这种历史的见证传承下去，有关部门决定在保持原有特色的基础上进行改造，设计师将当地人对它的过往记忆融入了优美的风景园林之中，使这个公园不但美丽，同时充满了文化气息、历史气息。这次改造是成功的，改造让这个普通的市民休闲地全国闻名，吸引了来自全国各地的参观者。

岐江公园的改造成功告诉我们，旧物是可以再创造的。不管旧物旧到什么程度，只要经过人类的再创造，就能让它的美再次出现。所以，每当为身边没有办法处理掉的垃圾而烦恼的时候，不妨开动大脑思考一下如何进行旧物改造。

旧物改造过程中充满情趣美

旧物改造的过程是开动大脑思考问题的过程，在这个过程中，改造者会把全部的精力集中在旧物改造上，并且会亲自动手实施想法，这个过程是快乐的，特别是看到自己改造的东西重新焕发生机时，那种愉悦感是无法用言语形容的。

在搬新家的时候，人们常常有这样的困惑，一些家具旧了，想扔掉却又不舍得。如此，就要对家具进行旧物改造。在旧的圆桌上铺块桌布，同时为桌子配备新的椅子，把橱柜涂成和桌椅相同或相近的色彩，这样整个餐厅就变得统一起来。如果嫌床旧，可以为床涂上鲜艳的色彩。这样，所有旧家具的面貌会焕然一新。这种旧家具改造的过程是充满情趣的，因为这是改造者在实施自己的想法，改造者在对家具进行改造时就会感到无比的愉悦。

旧橡胶、废塑料瓶，在我们看来，是地地道道的垃圾，可是经过设计师的改造，竟然成了引导潮流的鞋子。2007 年，全球第一双这样的鞋横空出世，这款被命名为"地球守护者"的鞋，其 42% 的原料是由废旧轮胎橡胶和塑料制成的。此外，当鞋被穿坏时，可以将其送回任何一家门市店柜，它将被送回工厂翻新。这双鞋的发明者在创造这双鞋时，也是满心欢喜的，他为自己能够做这样的伟大事情而高兴，同时，有一种前所未有的愉悦感，因为这个旧物改造的过程充满了新奇和刺激。

旧物改造可以提高美的创造力

旧物改造是一个创造过程，是创造就需要思考，而且旧物改造需要创新思维，这就会在旧物改造的过程中提高美的创造力。

如果想用旧牛仔裤改造自己的包包，并且要让自己的包包与众不同，具有个性和特色，就要思考要改造成什么样的款式，和什么样的衣服进行搭配。大的旧塑料桶不想丢掉，可以改造成垃圾铲，这时就要思考，怎样才能让垃圾铲小巧、实用、方便，最好是室内室外都可以用。或者要用大的塑料盒来改造玩具收纳盒，这时就要思考怎样才能设计出可以给玩具分类的收纳盒，等等，这一切的旧物改造都需要展开联想，这样才能创造出更具特色的东西。展开想象，垃圾就不再是垃圾，旧物也不再是旧物，根据想象对事物进行改造，旧物就能以全新的姿态面世。同时，在改造旧物的过程中，人对美的创造能力得到很大的提高。

第六章

人类最简单的叙述方式——点线美学

为什么嫩绿枝头的红一点能给人美感

北宋皇帝宋徽宗酷爱艺术，在位时将画家的地位提到在中国历史上最高的位置，成立翰林书画院，即当时的宫廷画院。以画作为科举升官的一种考试方法，每年以诗词作题目曾刺激出许多新的创意佳话。有一次，宋徽宗以"嫩绿枝头红一点，恼人春色不须多"的诗句作画题。许多前来应试的画者都以绿叶红花装点春色来表意，其中有的画绿草地上开一朵红花，有的画一片松林，树顶立一只丹顶鹤，但是宋徽宗看到这些画很不满意，认为："这些全无诗意，毫无令人深思之处。"但是，这里面有两幅画被宋徽宗选中了。一幅画的是在高高翠楼上，一位少女凭栏而立、略有所思的样子。这幅画的美妙之处在于画者使得少女那鲜红的唇脂在丛丛绿树的交映中显得特别鲜亮魅人，含蓄地表现出了动人的春色，表现出了"嫩绿枝头红一点，恼人春色不须多"的诗意。另一幅画的是万顷碧波中涌出一轮红日，构思新颖，气魄宏大，境界辽阔，独树一帜。这里的红点，给了人一种悠悠无尽的情思，成了艺术美的焦点，起着点睛破题的重要作用。

"点"具有鲜明的形式美特征

美学上"点"的含义是相对的、不确定的，区别于数学、几何或者音乐上的附点。这里所说的"点"并不一定小，也并不一定是圆形的，只是从审美的角度去看一些具有美的价值的装点之物，比如说繁星点点、帆影点点、伞花点点、灯光点点，包括前面提到的落花、秋雨、柳絮，等等，这些点实际上并不小，也不一定是圆形。"点"是造型艺术中最小的单位，比起面积和线来说是微不足道的，但是不可小看，它具备丰富的美的个性，它所处的位置及色彩的对比有着独特要求，受到形式美的规律的限制。比如姑娘脸上的雀斑并不美，但是唇角的美人痣很美，因为它长在恰当的位置，有装点的作用。小女孩眉心的胭脂点、染红的指甲等都展示了人们对美的追求。女士的胸针、男士的领带都是作为点缀而存在的，作为点缀就不能喧宾夺主，主次不分和过于突兀都是禁忌。没有人认为满脸的胭脂点会很美，也没有人认为把整个手涂上红色很美，在这里"点"具有鲜明的形式美特征。

"点"具有装饰美的作用

点是美的，点可以装点或显示人的美，装饰或美化环境美。比如，结婚时新郎和新娘都要在胸前佩戴红花，这不仅是强调主体的问题，更能装点出一对新人的可爱；军人军帽上的帽徽，不仅是一种身份的象征，更加点染了战士们的英武气概；我国人民逢年过节蒸的花糕等点心上也会点上红点，并不是为了味道更美，而是显示了喜庆、美观；小女孩总喜欢在指甲上涂漂亮的指甲油；等等，都展示了人们对美的追求。

点不仅在那些具体形象上有美的装饰作用，在很多抽象的文学作品中，点同样具有较高的审美价值。比如，夜幕中的流萤、星星、月亮、灯光、火把经常受到人们的赞美，使我们感受到"一点"之美。"银烛秋光冷画屏，轻罗小扇扑流萤"，这里的流萤是流动的点的轨迹；"夜深不知身何在，一灯引我到黄山"，刘白羽在此也按捺不住夜行中灯光一点带来的欣喜。文学艺术上的"点"常常是对美的聚焦。比如李清照的《声声慢》中描写秋雨的"梧桐更兼细雨，到黄昏，点点滴滴"；刘长卿的《湘中纪行十首·斑竹岩》中描写斑竹的"点点留残泪，枝枝寄此心"，这些都是描绘"点点"之景，创造出情景交融的意境，显示了"点"的美。国画中也讲究"苔点之法"，凡是山水画基本少不了这一手法。微小的苔点对整幅画来说只是一种点缀，却能使画作充满气韵，也就是传统所说的"山水眼目"。苔点的多少、浓淡都十分讲究，"浓墨巨点，元气淋漓，如经滇黔山麓间，觉雨气山岚，扑人眉宇"。苔点的美学价值由此可见一斑。

千万不要小觑了小小的"一点"之美，遵从形式美的规律，从审美的角度用"点"来装饰我们的生活，提高我们的艺术修养，体味自然的细微之处，寻找千差万别的"点"的美妙，兴许通灵之境的玄机就在这"一点"之中。

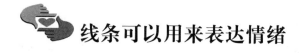 # 线条可以用来表达情绪

线条是可以用来表达情绪的，中国的书法就是一种能够通过线条表达情志的艺术。唐代大书法家颜真卿《祭侄季明文稿》和《刘中使帖》，就寄托了他的思想情感。《祭侄季明文稿》帖，是颜真卿追祭从侄季明的文章草稿。唐玄宗天宝十四年（755年）爆发安史之乱，当时任平原太守的颜真卿和他的从兄常山太守颜杲卿毅然起兵讨伐叛军。不久，常山被叛军攻陷，太原节度使拥兵不救，以致城破，杲卿父子被俘，先后遇害。唐肃宗乾元元年（758年），颜真卿到河北寻访杲卿一家的下落，得知他们全家死于战乱，仅得杲卿一足、季明头骨。颜真卿义愤填膺，乃顿作祭文，国恨家仇全倾注在笔端，一气呵成，满腔悲愤之情跃然纸上。

而《刘中使帖》，作于唐代宗大历十年（775年），又名《瀛洲帖》。当时颜真卿身在湖州，得知唐军在军事上获得胜利，非常高兴，

于是欣然命笔。全帖共 41 字，字迹比他过去的行书要大得多，重笔浓墨，大幅写意；笔画苍迈矫健，纵横奔放，有龙腾虎跃之势；前段最后一个"耳"字独占一行，末画的一竖以渴笔皴擦，纵贯天地，洋溢着欣喜雀跃之情。

线条本身也有情绪

线条是组成形象的最为敏感的视觉符号，是人类表达情感和认知的最基本语言之一。而线条本身，在它没有表现具体对象的时候有其抽象的情绪。如直线使人产生坚硬、力量、坚毅、刚劲的感觉。而水平线，是大地之线。当物体处于与大地相连的水平状，就会给人一种宁静、平稳、坚实的感觉。所以，绘画中，表现"静"的境界，往往近景有一长长的水平线；中国宫殿、希腊神庙等坚实的建筑，都以水平线为主。垂直线则指向天空，表示升腾、挺拔和庄严。所以，凡是表示静穆严肃的画、建筑（如纪念碑），都以垂直线为主线。金字塔、清真寺、哥特式建筑以垂直线为主，体现了对天空的渴望。曲线表示优美、柔和，给人一种变化的动感，起伏回荡，对人的视觉有一种奇妙的魅力，最能悦人眼目，使人感到一种节奏美和旋律美。斜线是一种不安静的线，使人产生恐慌。奔跑中的人，风浪里的船，狂风中的树，主要用斜线表达。

人们往往会对流畅有规律的线条产生好感

线条的研究有一定的历史，早在 20 世纪初期，有实验美学心理学家，利用 41 种线条和形状采用选择法和配对法做过一个偏爱选择的实验，想通过人们对不同线条的喜好，来了解什么才是人们最感兴趣的线条和形状。在关于线条类别的喜好上，实验发现，人们最喜欢的形状为圆形，第二是直线，第三是波浪形，第四是椭圆形，最后是圆弧。

通过这个结果我们可以看出流畅的、有规律的线条往往能引起人们的好感。

美学大师宗白华先生称，中国的艺术就是线的艺术。我们确实能在中国画中看到更多的线条，其中能引起愉快情绪的线条，无论用笔的浓淡、燥湿，往往是非常流畅的，就连转角也没有过多的棱角。而那些有过多停顿的线条能给人焦灼、忧郁的感觉。

由此可见，线条有表现能力，能唤起人们的美感。虽然线条本身会给人带来不同的体验，但是人的心理也会让人对同一线条产生不同的看法。如同样一根斜线，如果把它看成一条垂直线时，人们就会感到肃穆；当把这条斜线看作一条向上的坡路时，则会产生欣喜之情。

人们往往凭借经验对线条作出情绪反应

虽然人们对线条表现出一定的偏好，但是这种喜好的选择并非固定的，因为个体之间是有差异的，有时候这种差异之大甚至让很多专家都很难解释。比如有不少人对直线的喜好超过了圆形，而有的人根本就不喜欢圆形，其理由是看圆形会让他们的眼睛一圈一圈地运动，这让他们感到不舒服。

有资料显示，人们对线条的喜好其实也很容易发生变化，尤其是对线条本身发生的变化非常敏感。比如，一根短的横线可能很难给人喜好的感觉，但当它被加粗后，可能就会引起关注。而当它被加粗到让人感觉它有高度时，它既可以被看作线，也可以被看作长方形，这容易让人对其感兴趣，甚至产生好感。如果继续将其加粗，它可能变成矮胖的矩形，而使人厌恶。但当它被加粗成正方形时，又会引起人的好感。当它再次加粗，又会显得过于臃肿。直到它被加粗成细长的垂直长方形，它可能被看成一条足够粗的线条，此时人们会重新对其产生好感。而除了直线的粗细外，圆的大小变化、弧线的曲度变化、线的倾斜角度、波浪形的紧凑度、线的长短等，都会给人不同的感觉。

这种线条变化使人们产生不同感觉,其实是人们在对线条下定义。因为在人类社会发展的进程中,人们对线条的情绪定义已经约定俗成,比如人们早已经将垂直线定义为向上的力量,将曲线定义为流水般的柔顺,将立着的长方形定义为屹立不动的挺拔力量,将横着的长方形定义为伸展的自由,粗线条则被定义为严肃、沉重,所以当人们看到它们时,首先会根据经验判断其定义,而作出情绪的反应。而当它们发生各种变化时,人们又会产生相应的不同反应。所以,很多产品设计人员也因此非常注重各种线条、色块的运用,致力于通过它们来影响观看者的情绪。

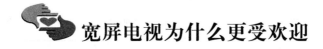 **宽屏电视为什么更受欢迎**

现在的新款电视机和电脑显示器,绝大多数都是宽屏的。现在流行的新款显示器的屏幕比例,是受电影银幕影响和启发的。在电影刚刚出现的年代,所有电影的画面大小形状是差不多的,画面的宽高比为 1.33:1,随后有声电影出现了,宽高比被调整到 1.37:1。直到 20 世纪 50 年代,几乎所有电影的画面比例都是标准的 1.33:1,这种比例有时也表达为 4:3,就是说宽度为 4 个单位,高度为 3 个单位。这种比例后来被美国电影艺术与科学学院接受,称为学院标准。20 世纪 50 年代,刚刚诞生的电视行业面临着采用何种屏幕比例作为电视标准的问题。经过论证,美国国家电视标准委员会最后决定采用学院标准作为电视的标准比例。那么,为什么宽屏这么受人们的欢迎呢?

数学家们发现了最美的黄金比例

数学家的思维往往是具有逻辑性的，所以也经常被认为是刻板的，但是黄金比例的发现是数学家最为感性的一次发现。黄金比例最早是由古希腊的数学家发现的。之所以说这是数学家感性的一次有力证明是当时的数学家发现黄金比例最美。为了找到最美的比例，数学家们不厌其烦地将线分成不同比例的两段，最终才找到了"最优雅的比例节奏"。这个比例是短线条的长度除以长线条的长度，结果为0.618。而在几何图案中，底和腰的比例等于0.618的等腰三角形，长宽比例为0.618的方形，都被称为黄金图像。另外，由于五角星中充满了黄金比例，所以成为了一种非常神圣的图案。

德国天文学家开普勒宣称，黄金比例是造物主赐予自然界传宗接代的美妙之意。我们确实能在自然界中找到众多的黄金比例：如普通树叶的宽与长之比、蝴蝶身长与双翅展开的长度之比、植物叶片的张角与剩余圆周的角度之比……

在我们的生活中，黄金比例也大量存在，我们看的书、报纸、杂志，大多接近黄金比例，因为这样能让人阅读起来更为舒服。舞台上的报幕员最好能站在黄金分割点上，这样不仅美观，还最有利于声音的传送。可见，人们生活中很多事物比例的存在全部是因为能够给人带来视觉上的美感，能让人看起来舒服。

宽屏的比例更接近黄金分割，也更适合人的眼睛

当我们在看一个方形时，按照黄金比例来说，最美的方形应该是长宽约为5:3的方形，这已经成为艺术的经典模式。虽然正方形的结构最稳定，但长宽缺乏变化，过于呆板。长宽越接近的方形，越会显得难看。为了追求更多的美感，人们不断尝试改变方形的长宽比例，以

获得更多更美的效果。所以，后来在实践中人们发现，当拉大方形的长宽比例后，方形就会产生别样一种视觉效果，垂直线能使人们的视线上下移动，而水平线能使视线左右移动，这样，画面似乎具有了延伸的动感。

可见，长方形是方形中最具美感的一种形状，同时，我们有必要知道的是，长方形也是最适合人眼的一种形状，这是因为人眼的生理结构决定的。由于人眼的生理构造决定人的视野呈椭圆形，而由椭圆形裁切成的最大尺寸的方形，就是长方形。研究发现，这个长方形的比例为 16:9。因此，16:9 的方形是最令人感觉舒适的，已经成为最新的黄金矩形。宽屏的比例更接近黄金分割比，也更适合人的眼睛，在观看影片时给人的感受也更舒服。此外针对办公应用或是行业应用，宽屏产品可以在一个屏幕内显示两个完整的网页页面或是平铺更多的窗口，能够有效提高办公效率。在数字图像处理和多媒体编辑等工作中，宽屏更具优势，较宽的观看视角，适合商务人士展示商业设计方案，是办公的较佳选择。甚至目前越来越多的游戏开始支持宽屏显示，归根结底，宽屏更适合人眼睛的视觉特性。

虽然人们已经找到最新的黄金矩形，但不是说要让我们的生活中处处充满了这样的方形，这样做只能让这个黄金矩形变成令人最厌恶的矩形。因此，在家居装饰中，不同比例的方形变换，就显得非常必要。比如人们经常使用 2:4:8:16 的等比数列和 1:3:5:7 的等差数列。这样设计的家具更符合美学原则，具有很强的规律性和节奏感。

第七章

为何城市建设需要雕塑——空间美学

如果只长一只眼睛会怎样

"独眼龙"这个绰号起源于中国五代时期后唐开基先祖李克用，李克用乃百步穿杨的射箭名手，后父子谋叛失败远遁蛮荒十数年，唐僖宗曾命画师潜入大漠中窥探李克用的形貌，因其平素在张弓搭箭时总是紧闭左眼瞄准远方目标，居然被误传为一目失明，僖宗在观看其射箭的图像后不禁赞叹道："此真猛将独眼龙也！"

这个故事的意思当然不是说独眼人射箭很准，而是一个误打误撞的美好误会。但是在后代，渐渐延伸到很多故事中。例如，几乎所有故事中的海盗船长都是独眼龙，似乎这样的形象比较威猛，实际上，如果我们人只长了一只眼睛会出现什么状况呢？

双眼能带来立体感

我们生活在一个由高度、宽度和深度组成的空间中，这样的空间被称为三维空间。三维空间是可以通过视觉和触觉感受到的，我们的双眼让我们天生就拥有良好的立体感。这种立体感，能让我们估计事物的体积，判断空间的大小，了解物体的速度。

看过立体电影的人都知道，立体电影好看，就是因为它比普通电影多了一个深度感觉，也就是立体感觉。它不但可显示平面的画面，同时可辨别出前后和远近，使你有一种身临其境的感觉。人的立体感是怎样形成的呢？这是一个比较复杂的问题。大家知道，当你两眼注视前方一个物体时，物体在双眼视网膜相对应的部位各自形成清晰的物像，然后传导到大脑皮质，由大脑皮质中枢将它们融合成一个物像，称为融合功能。另外，当你两眼注视某一物体时，两眼的角度总有小的差别，假如你注视眼前一个水杯，然后交替遮挡眼睛，你会发现右眼是在稍偏右的角度上看到的，而左眼是在偏左的角度上看到的。这就说明两眼看东西时，由于双眼位置不同，各自的角度是有差别的，所以在视网膜上形成的物像必然有小的差异。根据这个道理，人们就可以分辨出两个不同距离的物体，即为立体知觉。人的立体知觉是有限度的，一般超过 500 米距离的物体，在视网膜上形成的物像十分接近，因此两个物体的深度感就分辨不出来了。

立体感是人的双眼视觉功能，单眼是没有立体感的。立体感对人们的生活、工作都十分重要，没有立体感就辨不出远近、深浅，这给人们的生活带来诸多不便，使许多人失去了做精细工作的能力。

双眼让我们更好感知维度空间

我们之所以认为身处的世界是个三维空间，是我们接受大部分信息的视觉和触觉所感受到的是长、宽、高三个维度。这一点是和我们的双眼立体成像相关的。然而科学家认为，在我们身处的宇宙之外不能仅仅用三维空间来定义，它应该有十一个维度空间，甚至更多，但这些不是我们的器官能够感知的。

但是如果我们没有双眼的话，我们还能感知三维吗？

双眼视觉是人类最高级的视觉功能，正是因为形成了双眼视觉，人类才能更准确地获得外界物体形状、方位、距离等概念，才能正确判断并适应自身与客观环境间的位置关系。这种视觉认知方面的完善，对人类进行创造性的劳动和进化，起了极重要的作用。如现代社会中的汽车、航空驾驶；科技中各种仪器的灵活使用；显微外科的精细操作以及球类运动中的接、打、扑、扣等，都离不开完善的双眼视觉。双眼立体视觉是人类视觉系统的最佳三维成像，如同工程技术上根据视觉原理研究出目前最好的三维成像——激光全息术一样。双眼视觉（特别是立体视觉）的研究，随着近20年对脑科学研究的重视和深入，已超越了眼科界的范畴，成了国内外高科技研究的热门话题，这对人类社会现代化的发展进程将有巨大的促进作用。

也就是说，我们一旦失去了一只眼睛，我们的世界就会是二维的，只能看到点和面，我们就再也感受不到高度的存在，感受不到距离的空间感了，我们的生活就像是被拍在一张白纸上一样狭隘逼仄。

虽然科幻小说喜欢拿维度空间来当话题，比如时空穿梭，就是典型的四维空间理论。按照我们目前的科技和生理构造来说这只能是一种幻想。我们无法感知或者穿梭改变时间轴，不只是人类不能，地球上的所有生物都不能。

相比于生活在一维空间的植物和某些二维世界的动物，我们的双眼给我们带来了立体的三维感受，这是它最与众不同的地方。

 # 为什么舞蹈演员要在一束灯光下表演

西汉时候，有个农民的孩子，叫匡衡。有一天晚上，匡衡躺在床上背白天读过的书。背着背着，突然看到东边的墙壁上透过来一线亮光。他霍地站起来，走到墙壁边一看，原来从壁缝里透过来的是邻居家的灯光。于是，匡衡想了一个办法：他拿了一把小刀，把墙缝挖大了一些。这样，透过来的光亮也大了，他就凑着透进来的灯光，读起书来。匡衡就是这样刻苦地学习，后来成了一个很有学问的人。

这是中国古代著名的"凿壁偷光"的故事。

光对读书孩子来说非常重要，这一点是可想而知的，但是在现代舞台上，经常用一束光来为演员创造情境，这是为什么呢？

光能更好地吸引人的注意力

在芭蕾舞《天鹅湖》中，当王后为王子举办挑选新娘的舞会时，魔法师引领着黑天鹅出现在舞会上，此时整个舞台的灯光都暗淡下来，唯有三束灯光打向了王子、魔法师、黑天鹅，当王子接受黑天鹅与之共舞时，魔法师也消失在了黑暗之中，整个舞台上只能看见王子与黑天鹅在舞蹈。这种灯光效果将观众所有的注意力集中在了最重要的情节当中，使人深深地融入剧情里。

事实上，舞台灯光可以表现非常复杂的内容：从观众方向投向舞台的灯光能起到突出舞台的作用，侧光则能加强人物和景物的立体感，单束灯光可以起到突出的作用，背景光可以加强空间感，多层的背景加逆光可以制造出更多层次的景物，蓝色的光线可以表现寒冬，绿色的光线可以表现春天，橘红的光线可以表现夏天，黄色的光线可以表现秋天，一些流动的光还可以制造下雪、落叶、起风等效果……光线不仅可以让舞台瞬间表现出时空的变换，还能起到刻画人物心理、烘托剧情的作用。

所以优秀的舞台剧，必然需要一流的舞台灯光来衬托。百老汇作为最经典的舞台剧场，其舞台剧都拥有一流的舞台灯光设计。尤其值得一提的是《光影马戏 LUMA》，与传统的百老汇舞台剧相比，它利用了最新、最前沿的电光影技术，制造了最美、最震撼的光影效果，让人置身于光的颜色和运动的奇幻之中。光的舞台，本身就是一件很美的艺术品。

光能美化事物的形象

光对于摄影来说非常重要，可以说是摄影的第一法则。很多摄影者总是为了捕捉完美的光线而花费很多时间和精力。在外景人像摄影中，反光板多是作为补充光源，对于人物的暗部进行补光。如，侧逆光，逆光条件拍摄人像，人物的明暗反差较大，通过反光板补光使明暗反差降低，提高暗部的亮度，丰富暗部层次，加强了对人物的表现力，对刻画人物个性都起到了重要的作用。

最重要的是利用反光板反射出不同的光部，以塑造出不同人物形象。假如被拍摄女性，需要把她的面部缺点消除，展现出女性皮肤的细腻、有光泽，而且把脸形修饰得非常漂亮，就需要在人物的鼻子下面出现一个蝶形的光影（三角光），使人物的脸看起来非常瘦小，并且有立体感，因为是逆光拍摄，使整个人物的轮廓都非常分明，脱离了背景，人物的发丝都能展现得非常清楚，使整个画面层次分明，动感十足。

如果想塑造出男性的棱角感和立体感，突出男人的深沉与稳重，多采用侧面补光，要想达到这种效果，首先要让人物的面部有很强的明暗对比，这样才能突出人物个性，那么怎么样才能补出这种光效呢？因为人的面部从侧面看会有很明显的棱角感，所以在侧面补光时，光不是很均匀地分布在面上，有明显的明暗对比。当反光板从人物的前侧方（大约 45 度角）反射到人物面部时，在人的脸上会出现一个较亮的光形来，俗称伦勃朗光，这两种光效能体现出男人的深沉与沧桑，多用在男性拍摄与肖像摄影中，所以严肃的表情很能体现人物的性格。

因为光是通过很多不同的方向折射到人物身上的散光源，方向感非常弱，所以光比反差极小，虽然照射在人物上的光线很柔和，而且没有其他杂光的影响，光的分布也很均匀，但是如果想拍出有立体感的作品，就必须利用反光板与外拍灯的结合达到拍摄要求，如果色温达不到拍摄要求时就必须用外拍灯来补充达到拍摄所需的色温。一般不会直接用外拍灯照在人物的面部，那样光质的反差过大，摄影师不易控制曝光量，最好是把外拍灯打到反光板上，然后反射到人物面部，这样光线比较柔和，光比的反差也有了，并且敏感反差不是很大。

如何让二维画表现出三维效果

蚂蚁是典型的适应二维空间的生命形式。它们的认知能力只对前后（长）、左右（宽）所确立的面性空间有感应，不知有上下（高）。尽管它们的身体具有一定的高度，那也只是对三维空间的横截面式的关联。蚂蚁上树也并不知有高，因为循着身体留下的气味而去，它们在树上只会感知到前后和左右。我们都做过这样的游戏：一群蚂蚁搬运一块食物向巢里爬去。我们用针把食物挑起，放在它们头上很近的地方，所有蚂蚁只会前后左右在一个面上寻找，绝不会向上搜索。对于蚂蚁来说，眼前的食物突然消失实在是个谜。当它们依据自己的认知能力在被长、宽确立的面上遍寻不着时，这块食物对它们来说就是神秘失踪了，因为这块食物已由二维空间进入三维空间里。只有我们把这块食物再放在它们能感知到的面上，蚂蚁才可能重新发现它。这对于蚂蚁来说，又是神秘出现了。

可是我们人是活在立体空间里的，不可能像蚂蚁一样满足于二维世界。所以如果遇见平面画，我们会遗憾地想：如果它是三维立体的该有多好啊。

空气透视使得画面立体

空气不仅能改变颜色，还能通过折射度等来改变物体的清晰度。这是奇才达·芬奇发现的，我们生活中的空气并不是理想状态的毫无杂质，例如雾、烟、灰尘等杂质都会使远处的物体变得淡而模糊，所以在作画时，只要善于利用色彩饱和度就可以更好地展现出主体感；近处的物体颜色鲜艳，而远处的物体颜色暗淡；在绘制图案时，也只将近处的物体描绘清晰，而远处的物体只要有一个轮廓就可以了。这样的透视法可以让人更鲜明地感受到空间的立体感受。其实这也说明了色彩的运用能产生立体感。

另外一个善于用这种透视法来表现作品立体感的著名画家是印象派的塞尚，他的画大部分进行了团状处理，这种处理是指近处的景物是由细小的团状颜色组成，远处的景物则是由大块的团状颜色来代表。这种新颖的理论迅速被印象派的画家接受，从而开创了西方现代美学的全新时代。这种团状处理方法其实是空气透视法的一个延伸。

有趣的是，在现代摄影技术中，这种方法也被采用，摄影师在摄影时只要通过增加光量，就能将背景模糊成印象派的团状颜色，从而使得画面呈现立体的效果。虽然这是缩短景深的做法，但是通过突出主体、模糊背景的方法，让画面变得更加立体起来，这种方法我们可以在很多著名的摄影作品中见到。

光影让画面立体

一个规则的物体是很容易利用焦点透视法来表现立体感的，但一个圆润的或者不规则的物体，很难利用这一技法来表现立体。

把圆球体画出立体的感觉是比较不容易的。圆球体没有一个平面，明暗的变化往往呈现出圆环形状。掌握了这个特点，我们观察和作画就不难了。打好轮廓后，先要在受光部分轻轻画出光环；然后找出最浓最黑的圆环，那就是明暗交界线。亮部要分出若干环形层次。画暗部时要特别注意画出反光。反光有从桌面反射上来的，也有从墙上或别的地方反射形成的。反光在暗中透亮，显得特别耀眼，但它的亮度无论如何不能超过受光部分，这是我们要特别注意的。

画明暗前必须首先把物体的轮廓打准确。还没有打好轮廓就忙着去涂明暗，是画不好的。黑与白、明与暗都是通过比较而存在的。所以，画明暗时，必须牢牢记住并切实做到从整体出发，反复比较。一个六面体，通常可以看见三个面：受光的亮面，背光的暗面，半明半暗灰调子的中间面。在同一个面上，明暗往往会有些变化，特别是在明暗交界的地方。一般是靠近暗面的地方要亮一点，靠近亮面的地方要暗一点。我们必须仔细观察，把它一一如实表现出来。画好三个面，再加投影。投影往往离物体越近越深，边线也越清楚；渐远渐淡，边线也就渐渐模糊了。

透视也是一种方法

透视是我们今天学绘画都必须学的重要内容，在基础素描课的时候，老师就会多次向我们强调透视的重要性。所谓透视就是指我们的视觉会将近的物体看得较大，而将远的物体看得较小。这样的技法在古亚述王宫中已经出现了，当时的画家在处理两个重叠的人物时，总是将前面的人画得大于后面的人。但当时这种透视方法起初还只是一种原始的对看到的具体景物的忠实描摹。

让透视得到真正发展的，还是文艺复兴时期的建筑师布鲁内莱斯基。他借助镜子发现，人眼看到的画面都存在一个焦点，物体距离人的远近，会根据物体与焦点的连接线，等比例地放大或缩小。于是他创造了这种利用焦点来改善立体感的方法，也就是我们现在都知道的感性的"近大远小"透视法，通过他的实验透视有了理性的参照。到了16世纪，西方绘画都会利用焦点透视来增加绘画的立体感，透视已经蔚然成风。

第八章

人们为什么冬天爱穿深色衣服——色彩美学

对于色彩为什么"眼见不一定为实"

美国范德比尔特大学的科学家托马斯·詹姆斯及其同事通过两个实验证实了我们的视觉存在着误区。

在他的第一个实验中，托马斯·詹姆斯等人让接受实验的志愿者观看计算机屏幕上的球。这个球是由很多的点构成的，这些点或是向左或是向右转动，让人们感觉球也在相应的方向上转动。托马斯·詹姆斯等人让志愿者说出球的转动方向，结果各有一半的人选定向左或向右。这不出所料，因为那些点向左或是向右转动的时间是相同的。此后，科学家让接受实验者在观看屏幕的同时，手中触摸一个向左或向右转动的用聚苯乙烯泡沫塑料做成的球，希望人的触觉能影响大脑的判断。但结果是，只有65%的受验者宣称他看的球的转动方向与他触摸的一致，这显示触觉并没有多大的影响。

托马斯·詹姆斯等人进行了第二个实验。他们让受试者闭上一只眼睛来观看实际存在的转动的球。由于只用一只眼，受试者不能肯定说出球的转动方向，但是他们又让受试者能够触摸或感觉到球的转动方向，结果只有70%的受试者正确说出了球的转动方向，另外的30%还是被错误的视觉信息误导。托马斯·詹姆斯等人由此得出结论，视觉观察结果对于大脑判断最为重要。人的大脑不是将视觉和触觉所获得的信息联合起来，而是分开加以处理的，而且更相信视觉信息，尽管有些时候触觉信息更可靠。

托马斯的试验在证实"眼见为实"的同时，却恰恰证明了"眼见不一定为实"。

实际上我们笃信的"眼见为实"在色彩中也会这样迷惑我们。

色彩视觉容易受到干扰而进入误区

装修房屋时，工人都会拿着色卡请客户选刷墙的颜色。为了凸显个性，或者想利用颜色来调节心理，我们可能会根据房间的不同用途，选择不同的颜色。但当墙壁被刷出来时，有的人会惊讶地发现墙壁的颜色太深了，跟自己期望的差距很大，这其实是我们在对颜色的辨识上犯了错。

色卡是以阶梯状排列的一些硬质卡片，一种颜色按照深浅组成一个阶梯。通常我们会先选定一种基本颜色，再拿这个颜色的阶梯色卡来挑选颜色的深浅。这时就是最容易犯错的时候。一般来说，如果这种颜色的周围有别的颜色，就会影响到我们对这个颜色的判断。色卡是一个纯色的渐变序列，在这个颜色的环境中，我们很容易将最浅的色卡当成基准来判断其他颜色的深浅。

所以在我们挑选色卡的时候，其实我们自己就已经走入了视觉的误区。在这种情况下，将色卡单独取出来审看就能够避免被其他颜色干扰。所以我们只要将选定的颜色抽取出来，放到白色的背景下，就可以知道它原本的颜色了。

颜色的面积越大，看起来颜色越深

色彩有一个特性，就是面积越大，颜色越深。所以有时我们去定制服装或者在墙纸店、窗帘店等涉及挑选颜色的店铺时，这样的店面大多将布料或者墙纸剪下一块，装订成册让顾客挑选而不是直接让顾客看原始的样貌。这样的做法看似专业的服务，却很容易让顾客挑错颜色。但是如果有些细心的店铺，将颜色样本按 16 开的大小来裁剪，这样每块颜色样本都足以占据我们视线的大部分位置，就更容易让顾客挑到满意的颜色。这是因为我们通过适当的白色作为对比色，就能妥善辨认出颜色来了。

语言和眼光都不如色卡编号准确

人类对颜色的感觉是非常敏锐的，我们在看某种颜色时，可能浅一分会嫌不够分量，浓一分会认为俗气。根据情绪的不同和个人的喜好，每个人对颜色的认识又会有所差距。所以当两个人用语言沟通颜色时，很容易产生你说的是一种颜色、我说的是另一种颜色的错觉。这样非常容易出现颜色挑选的错误，色卡就是在这样的情况下诞生的。我们在利用色卡订购货物时，会将色卡编号记录在合同中，这样能获得我们想要的颜色，并在产生纠纷时划清责任。

这种情况在专业领域也会发生。当服装设计师在图纸上设计了一件衣服时，即使看着设计原图，成衣制造商也很难准确复制出服装设计师设计的颜色。所以在使用色彩的行业中，都有专业的颜色样本，根据颜色样本上的编号选择颜色，这能让制造商更准确地制造出实物颜色。所以这导致我们在面对色卡时要更加小心谨慎，不能被其他颜色干扰了判断。

 为什么商店里的衣服色彩比家里的鲜艳

陈巧在商店里看中了一件草绿色的衣服，当时喜欢得不得了，可是回家打开包装一看，发现明明是草绿色的衣服竟然变成墨绿色的了。于是要回商店找店家理论。但是回到商店，却依然看见衣服是草绿色的，于是疑惑了，为什么会这样呢？

陈巧的经历其实是很多人都会有的经历，买回来的衣服色彩和在服装店时往往不太一样。其实这并不是衣服本身的颜色发生了变化，而是因为不同的环境影响了衣服的颜色，所以才使人们产生了色彩错觉。都有哪些因素能影响颜色的变化呢？

颜色的变化受光线的影响

我们知道，光是一切色彩的来源。因此，颜色的变化大部分是因为光线的影响。首先，光线的明暗会影响颜色的深浅。自然光源受气候条件的影响，时刻发生亮度的变化，很不稳定。如晴天和阴天的太阳光强度相差很大。人造光源比自然光源稳定，但也有亮度的变化。例如白炽灯，亮度增大时，颜色趋向于白；亮度减弱时，颜色趋向于红。光源的亮度变化对物体颜色有直接的影响。物体的固有色在入射光亮度适中的时候表现最充分。太亮的强光会使固有色变浅，太暗则会使固有色灰暗乃至消失。

其实，陈巧会看错衣服的颜色就是因为大家所光顾的商店，有的光线强烈，有的光线暗淡，这些光线的明暗会直接影响到颜色的深浅。通常较亮的光线能让颜色变得更亮一些；而光线较暗时，颜色会显得深一些。例如当把绿色放在光线下，并用一块板子遮住一些光线时，虽然我们仍能看出板子下的颜色是绿色，但跟光线下的绿色相比，板子下的绿色变成了墨绿色，很多商店会用这样的手法来巧妙地改变衣服的颜色。所以，为了让衣服显示出真实的效果，建议在购买衣服时要在自然光源下试穿。

其次，光线的颜色会影响颜色的变化。我们知道，颜色来自物体对光的反射，因此，我们也不难理解有颜色的光会对物体的颜色有所改变。比如，人们现在普遍使用的灯为节能灯和白炽灯，节能灯因为光线偏蓝色，人在灯光下会有脸色发青的感觉，而正是由于这种偏蓝色的光总给人一种冷冷的感觉，所以节能灯的光被称为冷光源；而白炽灯的灯光呈黄色，由于白炽灯的光总能给人温暖的感觉，所以被称为热光源。

可见，有颜色的灯光会使其照射的物体发生颜色上的改变。所以，无论是在舞台上还是影视剧中，灯光师都是不可或缺的一个职位。因为，舞台和影视剧常常需要利用灯光的颜色来改变环境。比如，舞台想要表现四季时，就会使用白色的背景，分别打上绿色、橘红色、黄色和蓝色来表现春、夏、秋、冬。当然，我们的生活中基本上不会出现如此极端的情况，但是如果在买衣服时，商店的灯光总会影响到大家的视觉效果。如果灯光颜色偏蓝，服装的颜色也会略微偏蓝；而灯光的颜色偏黄，服装的颜色也会略微偏黄。所以要确认衣服的颜色，最好能在自然光下或是最亮的光源下。

最后，光源的距离变化也会影响颜色的变化。光源与观察者距离的变化，会使光源色发生改变。如白炽灯光，随着距离的推远，其颜色由黄逐渐向橙、橙红、红色变化。光源色对物体色的影响主要表现在物体的光亮部位。不同的光源色对物体色彩变化的影响程度各不相同，大致以红光最强，白光次之，再次为绿、蓝、青、紫等。所以，当人们在购买服装时，如果离光源较远，服装的颜色就会变得较深，离光源较近，服装的颜色就会变得较浅。

颜色的变化也会受环境的影响

环境对颜色的影响主要表现在环境色对颜色的影响。环境色对物体的颜色的影响取决于环境色的强弱、邻近物体与被观视物体的距离、被观视物体表面粗糙程度和颜色等性质。

物体的基本颜色特征是固有色，但由于光源色与环境色的影响使物体表面的色彩丰富多变。在特定的光源与环境下物体呈现的颜色称为条件色。每一物体的颜色都是物体的固有色与条件色的综合体现。一般说来，物体的固有色很容易确认，而条件色很复杂。比如，黄颜色在绿色的环境中，很容易变得偏绿；在红色的环境中，却会变得偏橘色。而服装店的衣服往往颜色复杂，所以服装在这些复杂的环境色下总会呈现不一样的颜色。所以，有些服装店为了制造别具一格的效果，可能会在店面装修上偏向某种颜色，比如，卖小女生服饰的店铺可能是粉红色，卖性感服饰的店铺可能会有很多红色和黑色，卖男士服饰的店铺可能会有更多蓝色。而这些环境色会让店铺中的货品颜色发生变化。所以，要想在有颜色偏向的店铺挑选服装时不会弄错颜色，你可以找一块白色的空间来看货品颜色，或者找白色的纸衬在货品下面，就能看出最接近真实的颜色了。

此外，如果环境色比货品的颜色深，则货品的颜色会显得较浅；如果环境色比货品的颜色浅，则货品的颜色反而会变深。这种颜色的对比，容易让人产生错觉，无形中将两者的差距拉大。所以大家在选衣服时，也应该考虑你的衣服是要在什么场合穿。如果是在灯光明亮的环境或者白天穿，可以用白色背景来确定其颜色；但如果你的衣服是要穿到灯光昏暗的地方，不妨拿到黑色的背景下观察颜色，这样才能让衣服在夜店中更为出彩。

最后，邻近物体与被观视物体靠得越近，被观视物体表面越光滑，反射光线越强，则环境对被观视物体的颜色所施加的影响也越大。反之，与邻近物体距离越远，表面越粗糙，颜色越浅，物体受环境色的影响越小。

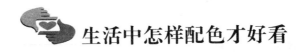

生活中怎样配色才好看

在小说《安娜·卡列尼娜》里，托尔斯泰生动描写了一次舞会上两个女子的美。一个是公爵夫人的女儿吉蒂。她年轻貌美，为了参加舞会，作了精心打扮，穿了一身讲究的衣裳，在淡红衬裙外面，罩上网纱，头梳得高高的，头上戴着一朵有两片叶子的玫瑰花，脚上穿着粉红色高跟鞋，金色的假髻浓密地覆在她的头上，黑丝绒带子缠着她的颈项。她自以为这身打扮是最完美的，加上自己的美貌，一定会成为舞会的皇后。另一个是青年女子安娜。她穿一身黑天鹅绒敞胸连衫裙，露出丰满的肩膀和胸脯，连衣裙上镶了威尼斯花边。她那天然的乌黑头发中间插着一束小小的紫罗兰。一圈圈倔强的鬈发散露在后颈和鬓边，增添了她的妩媚。当安娜出现在舞会大门口时，竟把所有在场人的视线吸引到她的身上，对她的美丽惊叹不已。吉蒂看到安娜的装扮后，立即泄了气，强烈地感受到安娜比自己美。

为什么会如此呢？其实就是因为安娜的衣着"一身黑天鹅绒连衣裙"衬着雪白的肌肤，乌黑的头发中插着紫罗兰，这样的色彩搭配，和谐而美丽。

最为简单的明度搭配法

明度是颜色的亮度，同一种颜色从浅色向深色过渡。我们将不同亮度的颜色搭配在一起，就能在变化中获得强烈的统一感。比如，白色与白色或者浅米色的搭配，黄色与米黄色的搭配，浅蓝色与深蓝色的搭配，粉红色与红色的搭配。我们能在每一种颜色的明度搭配中，感受到鲜明的色彩主题。明度的变化又能避免同一种色彩搭配的僵化、呆板，是亮眼又稳妥的搭配方法。

两种颜色的搭配法

如果我们要将两种颜色搭配在一起，一定要注意无论这两种颜色的位置如何，都切忌一半对一半的比例。两种颜色最好能保持比较大的比例，如2∶8或者3∶7，让颜色有主次之分，才能让颜色相处协调。

最保守的搭配法是选择色彩环中 60°以内的色彩，如橙、黄、黄绿，它们在颜色上有很强的相似性，能够轻易融合在一起。超过这个范围选择的两种颜色，对比会越来越强烈，虽然它们能制造活泼的效果，但不容易调和。这时除了在颜色比例上进行调整，还应该采取一种颜色明亮、另一种颜色暗淡的方法，才能降低它们过于强烈的对比效果，让它们融洽相处。

三种颜色搭配法

一般来说，颜色搭配要遵从一个定律，那就是搭配的色彩不能超过三种。因为同一个物体的颜色如果过多，就会使色彩没有重点，显得杂乱无章。但是这不等于就不能有三种颜色的搭配，但是如果要搭配三种颜色就要选择三种主色而不只是三种单色的搭配。这三种主色也可以指三种色系，比如黑、白、灰的搭配中，灰色就可以有很多变化；红、蓝、白三色的搭配中，红色与蓝色也可以有颜色深浅的变化。

搭配的时候三种颜色也可以按照 1:1:1 的比例进行搭配，这样能达到活泼而均衡的效果。但是这样的搭配要少用，一个环境中只能使用一次，才能起到亮眼的效果。所以三种颜色的搭配最好能有比例的差别，三种颜色要在整体环境中占最大的比例，当然其中也可以出现一些其他的颜色，不过它们的比例必须很小。在颜色的亮度上，应该突出其中一种或者两种颜色，减弱另外一种或两种颜色的突出程度。或者可以让两种颜色作为主色，另外一种颜色作为镶嵌在两种颜色之中的衔接色，为两种颜色制造联系感。

多种颜色的搭配法

多种颜色搭配的方法主要按照如下几种原则：

第一，对比色搭配。对比色搭配的特点是色彩比较强烈、视觉的冲击力比较大。服装上下装的对比色搭配、服装和背景的对比色搭配都适用。

第二，类似色搭配。类似色搭配有一种柔和、秩序的感觉。类似色的搭配也分为服装上下装的类似色搭配、服装和背景的类似色搭配。

第三，主色、辅助色、点缀色的搭配。主色是占据全身色彩面积最多的颜色，占全身面积的60%以上。通常是作为套装、风衣、大衣、裤子、裙子等。辅助色是与主色搭配的颜色，占全身面积的40%左右。它们通常是单件的上衣、外套、衬衫、背心等。点缀色一般只占全身面积的5%～15%。它们通常以丝巾、鞋、包、饰品等为主，会起到画龙点睛的作用。点缀色的运用是日本、韩国、法国女人最擅长的展现自己的技巧。

第四，自然色系搭配。暖色系除了黄色、橙色、橘红色，所有以黄色为底色的颜色都是暖色系。暖色系一般会给人华丽、成熟、朝气蓬勃的印象，而适合与这些暖色基调的有彩色相搭配的无彩色系，除了白、黑，最好使用驼色、棕色、咖啡色。冷色系以蓝色为底的七彩色都是冷色。与冷色基调搭配和谐的无彩色，最好选用黑、灰、彩色，避免与驼色、咖啡色系搭配。

第五，有层次的渐变色搭配。第一种方法是只选用一种颜色、利用不同的明暗搭配，给人和谐、有层次的韵律感。第二种方法是不同颜色、相同色调的搭配，同样给人和谐的美感。

第九章

为什么音乐能让人喜悦悲伤——声音美学

为什么一听声音就能认出电话那头的人

一首由庞龙和央视"一姐"董卿共同演唱的对唱歌曲《嫁给幸福》，不经意间迅速蹿红。特别是声音辨识度很高的董卿的演唱，受到了许多歌迷关注。"一声呵护，一生知足，岁月温暖满屋……"董卿的声音少了舞台上主持的华丽庄重，相反却呈现出一种沉着、偏沙哑的质感，添了生活的亲切真实感，又成熟感性。两人把这首歌诠释得很好，把夫妻的那种不夸张的爱意表现得十分到位。

我们经常通过歌声来分辨歌手，有时候我们会发现，有的歌手声音非常有特点，绝对不会和别人搞混淆，但是有的歌手的声音面目不清。生活中我们也会有这样的经历，在接起电话的时候，不用问对方是谁，听声音就能知道对方是谁。这是为什么呢？

声音具有辨识度

声音辨识度可以分成音色本身的辨识度和歌曲处理方式的辨识度。关于音色的辨识度，是靠寻找一个特殊的发音位置来获得一个特殊的音色。

至于音色本身带来的天然辨识度，值得珍视。特色通常就意味着奇怪，有个奇怪的声音不难，声音的奇怪能够变现成声音的美，很难。不仅需要歌手的后天能力，更需要一个天然指标，需要声音"奇怪"程度的一个合适的度。如果这份奇怪影响到事关美感的重要指标，恐怕就过犹不及。美的标准不是绝对真理，但是，它是一份得到普遍尊重的约定俗成。

究竟何谓声音的辨识度？很多人走入了误区，认为有别于传统的、主流的声音就是声音的辨识度。其实这只是其中之一，很多歌手，比如维嘉、侃侃等，明显具备女中音的气质，却没有走得更远；空灵的王菲菲，却终究没能大红大紫；万里挑一的绵羊音曾轶可，却只能含恨地止步于快乐女声七强；等等，不一而足。显然，具备过耳不忘的声音就想驰骋歌坛，无异于痴人说梦！

声音的辨识度是一个综合的概念，与众不同的声音只是其中一个要素之一。声音的辨识度还应该与唱功、唱腔等因素唇齿相依，当然唱功应该包含音域、吐字、音准、情感表达、歌手二度创作的本领等；唱腔应该是歌手不同音乐曲风的运用和驾驭能力。

20世纪八九十年代，家喻户晓的李谷一可谓风光无限，作为民族歌手，影响力出其右者，至今仍是凤毛麟角，花腔女高音的李谷一，声音的辨识度毋庸置疑，花鼓戏出身的她唱功也是可圈可点，而在唱腔上，也是最早将气声唱法即通俗唱法融入民族唱法的歌唱家，致使她的歌曲真正做到了雅俗共赏，传唱至今仍经久不衰！可以说，声音的辨识度成就了李谷一。

通俗歌手方面，蔡琴、田震等又是较早将民族元素融入通俗歌曲的典范，蔡琴的《被遗忘的时光》《你的眼神》，田震的《未了情》《野花》等，因为民族元素的加入，增加了流行的广度和深度。当然，蔡琴音乐的唯美耐听，与她注重歌曲的音乐性功不可没；同样敦厚的女中音徐小凤，影响力似乎逊色于蔡琴，徐小凤音乐的口水话、流俗性是其颓势的渊薮。诚然，田震的成功，也离不开她沙哑、低沉而又铿锵十足的爆发力，更离不开她充满质感的声线！

辨识度和好听与否

声音辨识度实际上是指音色的独特性。声线的特点体现在音质和辨识度两个方面。音质好的例子如纯、净浑厚等。辨识度主要决定于声带特点，声带狭长且很薄的，音色就会很清亮；反之，声带宽厚的，音色就会很低沉。

但准确地说，声音辨识度决定于声线特点，声音辨识度实际上是一个人的声音区别于他人的特征，例如偶像report，辨识度绝无雷同，这点补足音质上的小小瑕疵。蔡琴、田震等女歌手的辨识度也很高，相对而言，张靓颖欠缺一些辨识度，但是先天的音色弥补了这点不足。

乐感好，音质优美，同时声音辨识度非常高，音域也相当宽泛，还不能说明有非常好的音乐天赋，在这里，人的理解力是决定因素。理解力和歌唱技巧是结合在一起的，就是常说的一个唱歌的人能否"入歌"。可以说理解力是唱歌成败的关键，天赋再高，不能理解歌曲的内涵，终究无法和听众达到互动，或者说知觉上的共振，那样就是一个败笔。有时候，"好听"不代表是一首好歌。CB就是一个例子，他的音质不算优美，高音乏力，但辨识度很好，虽然选择的歌曲并非主流，但是从他对歌曲的处理上可以听出理解力和自我发挥的空间，能被听出故事或者情景的歌曲大多可以动人，当然这要双方都有类似的理解力，否则南辕北辙，对牛弹琴，贻笑大方而已。

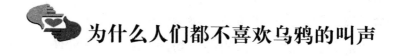

为什么人们都不喜欢乌鸦的叫声

有一天，有只乌鸦向东方飞去。在途中，它遇到一只鸽子，大家停下来休息。

鸽子非常关心地问乌鸦："乌鸦，你要飞到哪去呀？"

乌鸦愤愤不平地回答："鸽子老弟，这个地方的人都嫌我的声音难听，所以我想飞到别的地方去。"

鸽子听后，忠告乌鸦说："乌鸦老兄，你飞到别的地方还是一样有人讨厌你的。你自己若不改变声音和形象，到哪里都是没有人欢迎你的。"乌鸦听了，惭愧地低下了头。

这是一个幼儿启蒙故事，告诉他们别有问题就责怪外界，很多时候问题恰恰是出在自己身上。

但是从这个故事中我们可以发现，这个世界上不是所有声音都悦耳动人，还有一些声音是刺耳让人烦躁的。

对声音的审美具有主观性

英国索尔福德大学声学工程教授特雷弗·考克斯提出了网络投票的主意，研究人员建立了一个网站，在上面放了34种不同的声音文件。然后网民按照自己对这些声音的厌恶程度打分。全世界大约110万人的投票结果显示，呕吐的声音排名第一，将指甲划过黑板表面的声音等一些被认为可能"夺冠"的噪声一举"击败"。

考克斯说："从科学的观点来看，我们实在不明白，为什么有些声音那么让人厌恶。但对这些声音的反应恰恰是我们人性的一部分。作为工程人员，我们希望了解人们最讨厌什么声音，这样我们就可以在设计（产品等）时将这些声音消除，或者至少降低它们的影响。"

研究人员发现，参与调查者的性别和年龄不同，他们对什么噪声最难听的看法也有很大差别，其中尤以性别差异最为明显。研究人员说，女性给25种噪声的打分都高过男性，但在婴儿啼哭声上，男性的打分远远高于女性。年龄差别也十分有趣。研究人员发现，对10岁以下和四五十多岁的参与调查者来说，世界上最难听的声音不是呕吐，而是牙医钻牙的声音。

从这个调查中我们可以发现，声音其实是一种和主观色彩挂钩的审美。

尖锐声音让人难受是声波作怪

科学家说古人猿在受到危险或攻击时会发出 1000Hz 左右的声音，我们感到很难受或许是因为那是当时的后遗症。

这种尖锐的声音与某类猴子在察觉到危险情况时发出的声音相仿，所以有一种说法认为，这是人类在进化过程中残留下来的一种回避险情的条件反射之一。用指甲在玻璃黑板上乱划的声音的确令人产生一种说不出的讨厌。在美国，人们把这种声音叫作"blackboard screech"（黑板的金属切割声）。究竟是什么原因使得人们听到后浑身感觉不自在呢？美国西北大学神经科学研究所对这种凄厉的声音的研究工作始于 1988 年。声音就是空气振动，通过振动在 1 秒钟内形成的波的次数称之为"周波数"，单位用赫兹（Hz）表示。比如大座钟的声音低沉，周波数很低，而喷气式飞机起飞前发出的尖叫声周波数就很高。人耳可以听到 20Hz—20000Hz 的声音。

对划黑板声的研究是从分析它的周波数结构开始的。自然界的声音是由许多周波数集中形成的，能够引起人们听觉不愉快的原因首先怀疑的是周波数高。于是，从黑板的声音中先去除了周波数高的声音，但是，那种刺耳的感觉仍然存在。

接着，把注意力集中在周波数稍低的声音上，将周波数在 1000Hz—2000Hz 范围内的声音（1000Hz 的声音大概接近于女高音美声中的最高音域）摘除掉，结果令人浑身不自在的声音没有了。对声音的大小也进行了实验，其中没有因果关系。因此，造成听觉不快的原因并非黑板声音中最高的周波数。

把这种声音与自然界的声音进行了比较，结果意外地发现，一种猴子在察觉情况危急时发出的尖叫声（警戒声）与这种玻璃黑板的划声极为相似。接受了这个实验结果以后推测，我们在听到这种声音以后出现的毛骨悚然的不自在感觉，也许是我们人类刚刚学会用两条腿走路时的"远古记忆"，即唤醒了我们沉睡已久的"附近有险情存在"的远古记忆。也就是人类在进化过程中依然残留着这么一种条件反射。

再者，分析人们看到电影中恐怖镜头的时候发出的尖叫声，据说无论是哪个国家的人，其尖叫声的周波数都极为相近。看来这种不快的感觉是相通的，这里也许潜在一个与我们人类的起源交织在一起的重大课题。

让人崩溃的声音

研究人员原本以为打鼾等生活中常见的噪声会被众人"唾弃"，在排行榜上夺得"高位"，但打鼾最后排名仅为第26，甚至比不上排名并列12位的猫叫春和手机铃声。除了打鼾，指甲划过黑板表面的声音在研究开始前"呼声"也很高。有人专门研究过这种声音为什么让许多人讨厌。他们认为，这种声音同猿猴示警的声音很类似，进化将对这种声音的警觉传给了人类。不过最后，这种噪声排名第16，夹在擤鼻涕和碾轧泡沫塑料之间。

不过研究人员说，呕吐等声音排在前列在意料之中，人们对这些声音的厌恶与文化有关，同时，人类在进化中形成的规避疾病本能也可能与此有一定联系。

前九名刺耳的声音分别是：1. 呕吐声；2. 麦克风发生回馈反应的啸叫声；3. 婴儿啼哭和金属擦刮声（并列）；4. 吱吱响的跷跷板；5. 拉得极差的小提琴；6. "放屁"坐垫（一种坐上去可模拟放屁声的坐垫，一般用于恶作剧）；7. 肥皂剧中的争吵；8. 交流电干扰噪声；9. 袋獾的叫声。

声音可以画出美丽的画

　　俞伯牙和钟子期的故事大家都已经很熟悉了，但是其中有一点很容易被人忽略。俞伯牙年轻的时候聪颖好学，曾拜高人为师，琴技达到很高水平，但他总觉得自己还不能出神入化地表现对各种事物的感受。伯牙的老师知道他的想法后，就带他乘船到东海的蓬莱岛上，让他欣赏大自然的景色，倾听大海的波涛声。伯牙举目眺望，只见波浪汹涌，浪花激溅；海鸟翻飞，鸣声入耳；山林树木，郁郁葱葱，如入仙境一般。一种奇妙的感觉油然而生，耳边仿佛响起了大自然那和谐动听的音乐。他情不自禁地取琴弹奏，音随意转，把大自然的美妙融进了琴声，伯牙体验到一种前所未有的境界。老师告诉他："你已经学成了。"

　　一夜伯牙乘船游览。面对清风明月，他思绪万千，于是又弹起琴来，琴声悠扬，渐入佳境。忽听岸上有人叫绝。伯牙闻声走出船来，只见一个樵夫站在岸边，他知道此人是知音，当即请樵夫上船，兴致勃勃地为他演奏。伯牙弹起赞美高山的曲调，樵夫说道："真好！雄伟而庄重，好像高耸入云的泰山一样！"当他弹奏表现奔腾澎湃的波涛时，樵夫又说："真好！宽广浩荡，好像看见滚滚的流水，无边的大海一般！"伯牙兴奋极了，激动地说："知音！你真是我的知音。"这个樵夫就是钟子期。从此二人成了非常要好的朋友。

　　伯牙能用琴声绘画出"高山"巍巍和"流水"潺潺，并且被知音子期"看见"，这一点真是不可思议。

声音的直接模仿

声音美运用于艺术创作，就会构成艺术美的重要因素。例如文学作品，有了对声音的生动描写，会增添作品的魅力。朱自清的散文《绿》中，对瀑布声音是这样描写的：

梅雨潭是一个瀑布潭。仙岩有三个瀑布，梅雨瀑布最低。走到山边，便听见哗哗哗哗的声音；抬起头，镶在两条湿湿的黑边儿里的，一带白而发亮的水便呈现于眼前了。而瀑布也似乎分外的响了。那瀑布从上面冲下，仿佛已被扯成大小的几绺，不再是一幅整齐而平滑的布。岩上有许多棱角，瀑流经过时，作急剧的撞击，便飞花碎玉般乱溅着了。那溅着的水花，晶莹而多芒；远望去，像一朵朵小小的白梅，微雨似的纷纷落着。

通过对瀑布声音的描绘，把瀑布的欢乐和生命刻画了出来。充满情感的瀑布形象就凸现在我们面前，使人久久不能忘却。

在音乐中，描写景物常常用直接的方式来描摹。

例如《杜鹃圆舞曲》，它是挪威作曲家约翰·埃曼努埃尔·约纳森（1886—1956 年）为一部影片而写的配乐。原为钢琴独奏曲，后来被改编为管弦乐作品。

乐曲由弱拍进行到强拍。大三度的下行音程与杜鹃鸣叫的音程完全一样，直接模仿了杜鹃的鸣叫声。这个动机将杜鹃鸟鸣模仿得惟妙惟肖，使听众有置身于春天的丛林之感。

圣·桑的《动物狂欢节》的第九首，只用了单簧管和钢琴两种乐器。钢琴表现恬静安详的晨曦，单簧管用大三度下行直接模仿杜鹃的鸣叫声，使人心旷神怡、身临其境。

在西方，猎人狩猎时为了驱赶猎物，用猎号吹出铿锵有力的节奏，惊动猎物使其暴露，以便猎杀。捷克作曲家斯美塔那的代表作《我的祖国》，作于1874 年至1879 年间。作品讴歌和描绘了祖国光荣的历史、美丽的河山。其第二乐章《伏尔塔瓦河》中的副部主题，由圆号和小号奏出，直接模仿猎人狩猎时吹奏猎号的音调，象征着伏尔塔瓦河流过一片茂密的森林。

声音具有暗示和象征的作用

云彩、山峦、日出、游水的天鹅等，都是用眼睛才能看到的客观世界，它们是无声的，耳朵是感受不到的。由于作曲家借助解释性的标题，暗示或象征了作曲家想要表现的客观世界，使我们比较清晰地理解了作曲家的创作意图，不至于产生模棱两可的模糊理解。

挪威作曲家格里格的《培尔·金特》第一组曲中，有一段描写摩洛哥海岸晨景的音乐"朝景"：

音乐一开始，先由长笛轻轻吹奏出田园式的清晨的主题，犹如一股清泉在一片静谧的田园气氛中衬托着太阳破云而出，表现了幽静的晨曦景色。在标题中，如果没有"朝"字的限制，我们也可以将这样的音乐理解为晚霞，而标题的限制使我们必须理解为朝景，因为作者通过标题已经给了我们足够的暗示或象征。这种暗示或象征通过解释性的标题，引导了听者的意识取向。

《动物狂欢节》中的"天鹅"，乐曲开始，钢琴以轻盈剔透的和弦，清晰而简洁地奏出水波荡漾的引子，在此背景下大提琴奏出舒展而优美的旋律，描绘了天鹅以高贵优雅的神情，安详地浮游的情景。标题所具有的暗示或象征的规定性功能，使我们用耳朵"听到了"天鹅轻盈的游动。

音乐描述客观世界的三种方法常常结合在同一部作品里综合使用。例如贝多芬第六交响曲"田园"：第二乐章中尾声用三种木管乐器分别模仿莺、鹌鹑和杜鹃的鸣叫，这是直接模仿；第四乐章用不协和和弦、半音进行和强烈的音响来描写"暴风雨"，这是第二种模仿，对无固定音高的物质对象进行近似模仿；第五乐章"暴风雨以后的愉快和兴奋情绪"，描绘了彩虹、水珠，这是第三种模仿，对由视觉器官感受的物质对象，用标题来暗示或象征。

声音有"颜色"

声音之所以能画出美丽的画还在于声音是有"颜色"的。这主要表现在音乐艺术的表现上。就像绘画离不开颜色一样，音乐艺术也离不开音色，而音色与颜色之间存在着自然的联系。从物理科学的角度上说，音色和颜色都是一种波动，只是它们的性质和频率范围不同而已。人们耳朵能听到的声波大约从每秒十六周到每秒二万周左右，人们眼睛能看到的光波（电磁波）大约从每秒四百五十一万亿周到每秒七百八十万亿周之间。由此我们可以知道，音乐也可以是五彩斑斓的。

其实，艺术家在音乐作品中运用不同的音色与在美术作品中运用不同颜色的效果是极为相似的。音色和颜色一样，也能给人以明朗、鲜明、温暖、暗淡等感觉。有许多音乐家把音乐与颜色相比拟，即通过"相似联想"或"关系联想"把它们分别联系起来。例如，在欣赏贝多芬第六交响曲第二乐章时，我们可以想象一下：明朗的长笛声部吹出了蓝色的天空，而单簧管的独奏乐句，从它那单纯而优美的音色中，似乎呈现出玫瑰花一样的色彩。

很多人还把乐器的声音与颜色联系起来。作曲家柏辽兹的乐器法中也说：要给旋律、和声、节奏配上各种颜色，使它们色彩化。而他的作品确实被认为是丰富多彩的。他和瓦格纳与德彪西等人被认为是色彩感强的作曲家。1876 年，当时著名音乐家波萨科特提出了一个音乐家们可以接受的比拟：弦乐、人声——黑色；铜管、鼓——红色；木管——蓝色。

其实，所谓的音乐颜色就是情感颜色，这些往往与人们自身的感受相联系。音乐家亚瑟·埃尔森曾提出了下列的对应：小提琴——明亮欢快，这是粉红色的；中提琴——表现浓郁的愁思，这是蓝色的；

大提琴——表现所有的情感，但比小提琴所表现的更加强烈，是深蓝色的；短笛——清新，是绿色的；双簧管——表现质朴的欢乐和悲怆，是紫色的；小号——表现大胆、勇武和骑兵渐近的声音，是金黄色的；竖琴——表现流畅和温柔，是透明的。这种音乐与颜色的联想是人们在艺术欣赏中逐渐获得的，但要注意不是唯一的，也不是绝对的。

第十章

什么改变了人们对美食的期望值——饮食美学

为什么餐厅里的菜比家中的更好看

随着生活水平的逐渐提高，人们越来越喜欢到餐厅里吃饭，尤其是在值得庆祝的日子，当招待朋友、重要人物时，人们还总会选择去一些环境高雅、味道可口的餐厅。因为餐厅的菜总是要比家中的菜看起来更加精致，比如人们在餐厅中可以吃到切得像头发丝的土豆丝，看到被雕成一朵花的萝卜，而且每道菜的盛具都各具特色。那么为什么餐厅里的菜会比家中的菜更好看呢？

餐厅里的菜更讲究质美

所谓质美，是指食品良好的营养与卫生的状态所呈现出来的功能之美、品质之美。一般情况下，餐厅在食品原料的购买和选择上所下的功夫要比家中多。餐厅一般都会坚持"资禀为据，择优选材"的原则，以保证食品原料的品质。而在菜品的加工过程中，餐厅也会根据食物原料的天然特性和相应的科学营养原理，通过相应的烹饪技巧使食物天然的鲜嫩色泽与形态得以保存。比如绿色的菜，绝对不能将其过度烹饪成黄绿色。容易掉色、染色的甘蓝等，则尽量单独烹制后再与其他菜肴摆放在一起。容易脱皮的花生，就干脆为其脱皮，只用其纯白的色泽来吸引人。

餐厅里的菜更讲究触美

所谓触美，是指在进食过程中食品的物质组织结构性能作用于口腔所呈现出的口感美。它的实现主要取决于食品加工过程中的选料、配料、烹饪技法、火候和刀工的技艺水平。其中尤以烹饪技法、油温、火候掌握准确度几点最为关键。而这些是餐厅都比较注重的。

餐厅里的菜更讲究色美

餐厅的菜肴最大的特点就是色彩的搭配。餐厅的菜肴很少只有一种颜色，即使是土豆泥，我们也能在其中发现一些红红绿绿的泡菜；绿叶蔬菜中也可能夹杂着红色的辣椒、白色的蒜泥、黑色的酱汁。即使只有一种颜色的菜肴，餐厅也会在摆盘时，通过在盘边摆放黄瓜片、胡萝卜片，或在盘子一侧摆放鲜花、西蓝花等色彩艳丽的装饰物，来突出菜肴的色彩。有意思的是，餐厅喜欢将一些调料放置在菜肴的顶端，吃之前还需我们自己动手和一和才能吃。这并非是餐厅在偷懒，而是调料中白的蒜泥、黄的姜丝、绿的葱和香菜，单独摆放时更能突显菜肴的色泽美。虽然我们在家中做菜不用像餐厅那样对摆盘费尽心机，但至少可以在菜肴搭配上多用一些心思。

餐厅里的菜更讲究形美

形美是餐厅菜肴的主要魅力之处。形美的实现主要依靠两点：

第一，刀工。餐厅里的菜更注重刀工的精致。我们常听到人强调厨师的刀工，这其实不一定要让片切得多薄，让丝切得多细，最重要的还是粗细均匀的原则。如果材料看起来大小均匀，即使较粗较厚，也可以被理解为故意为之。但如果不均匀，就会立刻被指责为刀工欠佳。

第二，材料的独立性和秩序性。餐厅讲究菜肴材料的独立性和秩序性。每道菜中的材料都应该尽量呈现出它们原有的形态。这不仅能利于分辨，还能将它们原有的美态展露出来。同时，保持材料的形态还能让菜肴更容易具备秩序性。如果将材料切得太过细碎，很难达到这种要求，所以餐厅对需要制造秩序感的菜肴，都不会切得过小。在家中，我们也可以通过较大块的菜肴来制造秩序的美感。

餐厅不喜欢形态不清晰的菜肴，所以他们会用模具对土豆泥、米饭等进行造型后再上盘。土豆泥可以做成三角形、圆柱形，米饭则可以做成从碗中倒扣出来的形状。如果我们能够在家中做菜时也对形态不清晰的菜肴用模具做好形状，就会使饮食充满情趣了。

现代人要求的饮食美，不是华而不实，不是要食品装饰的堆砌，而是要一种恰到好处的自然的美、实在的美。

餐厅里的菜更讲究器美

餐厅除了讲究菜肴的形态美，还讲究菜肴与盛器的搭配。有句古语说"美食不如美器"，这充分说明了器皿在饮食活动中举足轻重的地位。餐厅里的菜往往会配上美丽的盛器，这些盛器的造型或清秀大方、或玲珑小巧、或庄重典雅、或富丽堂皇，可谓千姿百态，有的盛器还存有漂亮的纹饰和图案，与菜肴配合协调，给人以美感。所以，要想在家中也做出餐厅里如艺术品般的菜肴，我们也可以在家中购置一些漂亮的盛器，也让我们的家宴富有更多的情趣。

为什么生活中的美好回忆大多与吃有关

蒋勋在其《天地有大美：蒋勋和你谈生活美学》一书中有这样一段话："在生活的点点滴滴中，经常会发生一些漫不经心、容易忘掉的小事情。可能在你的人生当中，并不认为这些小事有多重要；若是做自我介绍通常也不会提起来。可是有时候朋友私下聚在一块，聊起自己生命里很多美好回忆的时候，我不知道大家有没有印象，其中会有好多好多是跟吃东西有关的。"

我好几次发现，在和最亲的朋友聚会，不是指在大庭广众、正儿八经的毕业典礼、结婚典礼之类的谈话，而是大伙儿私密地吃完饭泡一杯茶或者喝一点小酒聊天的时候，大家会天南地北谈起在哪里吃到什么，哪里又吃了什么。我很惊讶的是怎么我跟大家一样，对一个地方的记忆常常是跟"吃"有关系的。

为什么生活中的美好回忆大多与吃有关呢？

气味有助于人的记忆

生活中的一些美好回忆之所以大多数与吃有关，是食物气味能带给我们强烈的美感，而人的嗅觉是记忆和欲望的感觉，所以这种美感通过人们的嗅觉进入了人们的记忆。气味是无法被时间消磨的记忆。在对人体所有功能感觉的研究中，嗅觉一直是最神秘的领域。科学家们已经发现，味觉比视觉记忆更长久。他们在研究中发现了包含1000个不同基因的大型基因家族，清楚地阐释了人类的嗅觉系统是如何运作的。

在记忆形成的过程中，气味起了至关重要的作用。美国的科学家用小白鼠进行了一个有趣的实验。首先，他们让小白鼠在睡眠状态下"接触"一些特定的气味，比如它们喜欢的食物的气味或者其他小白鼠的尿味等。而之所以选择小白鼠睡着的时候，是为了排除其他因素（如视觉、触觉等）对记忆的干扰作用。

几个小时后，小白鼠清醒了。研究人员发现，接触过那些特定的气味的小白鼠，在闻到这些气味时，会表现出异常的行为动作。随后，研究人员又通过仪器检测了小白鼠大脑中负责记忆的部分，观察了相关理化数据的变化，进一步从微观的细胞水平验证了气味对记忆的作用。由此，研究人员推断，睡眠的小白鼠接触气味时，大脑中的神经元接通了记忆的存储体，将它睡眠时闻到的气味输送并储存到了大脑中的特定区域。

可见，之所以人们在生活中很多记忆与吃有关，就是美食的气味加深了人们的记忆。

人生经历加深气味的记忆

人与人之间有一点区别很大，那就是他们辨别一种气味或味道并确定其源头的能力，而这种能力要依赖于人们先前的经历。熟悉的气味总会伴随着往日的生活细节，欢乐与痛苦，甜蜜和寂寞。我们有时会说"眼睛欺骗了我"，但是比起视觉和听觉，嗅觉反而更可靠和真实，而且更不容易让人遗忘。比如远游的孩子在异乡不经意的一缕味道也许就会使他惊呼："妈妈的味道！"随之而来关于妈妈的憧憬与回忆瞬时就包围了他，获得美的享受与满足。所以，你以前与某种气味或味道有关的经历决定了你对这种气味或味道的印象有多深，对这一点，马塞尔·普鲁斯特的感触能够给予很好的说明：

"每当我想起玛德琳蛋糕的香味，那蛋糕被她调制的酸橙花精华浸过，这种花我的婶婶以前曾经给过我……我一下子就想起了街旁那所灰色的老房子，我的房间就在那儿，那景象就像一家剧院拔地而起……那房子，还有那个小镇，早晚不息，风雨不透，还有我在午餐前被送往的那片住宅区，我疯跑过的那些街道，天气好时我们走过的乡间小路……在那一刻，我家花园和斯万公园里的那些花儿，维沃纳河上的睡莲。村子里那些好人和他们的住家，那个地方的教堂，贡布雷和它周围的一切。无论是小镇还是花园，所有这一切从我这杯茶中跃然而出，愈加真实。"

人们在学习辨别各种不同化学物质的气味（比如吡啶、丁醇以及丙酮）时，即使是在进行了大量的练习并且有反馈的前提下，他们最多只能学会辨别22种气味。然而，如果气味不是由对普通人意义不大的化学物质所组成，而是由在人们日常生活中经常出现的化学物质所组成（比如巧克力、肉类、绷带以及婴儿爽身粉等物质），那么人们平均能够辨别36种物质。总体来说，在经常接触、长期把某种气味与某种品牌相联系或者辨别气味时收到反馈等情况下，对气味的辨别就会比较容易。所以，人的经历使对气味的记忆加深，反过来，气味常常能帮助人们回忆起种种往事。

初尝之感，伴随一生

每个人心中都有一份最爱和最讨厌的饮食清单，最爱的如炸鱼、香草冰激凌等，最讨厌的如土豆、青菜等。而之所以最爱或者最讨厌，关键在于最初品尝某种食物时的感受。

在美国的一个工商管理学院，有一位来自中国的女留学生。她刚到达美国后，就被邀请参加一系列让人心情愉快的工商管理学院的迎新活动。在这个活动上，她平生第一次尝到了甜饼干。当时的气氛很快乐，她感到很开心。

第二个星期，她所在的学习小组在休息时，有同学拿出了自制的甜饼干当零食请大家吃。当时的气氛非常融洽，所有人似乎都很开心。

一个月后，她参加一个朋友的生日派对，而派对上的点心就是冰激凌和甜饼干。这次派对，她同样玩得非常愉快。

由于这三次的"甜饼干"经历都是开心且充满乐趣的，于是，她将甜饼干与乐趣及心情愉悦联系在一起了。之后，每当度过了美好的一天，她就会给自己一块甜饼干，以期望好心情能够延续；每当在心情沮丧的时候，她也会给自己一块甜饼干，以平复自己的心情。

可见，喜欢一种食物就如同喜欢一个人一样，其原因莫过于最初品尝时，它能带给你的快乐；厌恶一种食物也如同厌恶一个人一样，其原因也是在初次接触时，它能让你产生悲伤、忧郁等消极情绪。不管是喜欢还是厌恶，一旦形成，就很难改变。

民以食为天，人人都是饮食男女，所以人们生活中大多数经历都会或多或少地和吃的东西有所联系。加之气味能够加深人的记忆，初尝食物的感觉也使食物和记忆紧密相关，而人们的记忆往往趋同美好，所以人们生活中很多美好的记忆就会和吃有关，人们也总会在与亲近的人聊天时不知不觉地谈起那些有关吃的记忆和由吃引起的回忆。

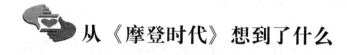

从《摩登时代》想到了什么

20 世纪 30 年代西方著名导演卓别林拍过一部有名的电影《摩登时代》，当中对工业时代有诸多讽刺。像大工厂为了让员工缩短吃饭的时间，以便拉长工时创造更大生产量，就设计出一种"吃饭机器"：所以你看到员工坐在那个地方，机器把面包塞到他的嘴里，然后汤倒进他的口中，接着还有一条毛巾扑过来把他的嘴巴擦一下。这是一部很搞笑的电影，但它也是一部具有讽刺意义的影片。很多人看着看着会觉得很难过，因为不知道从什么时候开始，《摩登时代》里面讽刺的现象，其实已经变成我们生活中的一种状态，尤其是生存在大城市中的上班族，由于快速的工作节奏和巨大的竞争压力，人们经常去买一份粗制的快餐、劣质油炸出来的鸡腿，然后匆匆地吃一吃，就解决了一顿饭，丝毫饮食的美感都谈不到。那么如何饮食才能享受到美感呢？

有所品位地去吃

"吃到饱"绝对不合乎饮食美学，因为随着消费水平和生活水平的提高，人们已经不再仅仅关注是否能够吃饱的问题，还有如何吃得健康吃得舒心的审美性问题，生存型的饮食已经逐渐转变为审美型饮食。所以，不要把"吃到饱"作为饮食的唯一目的，而应该是有所品味地去吃，很精致地去吃。如何有所品味地去吃呢？

有品味地吃最重要的是体味品质。大家可否有过这样的经历，就是当你去买一种食物的时候，商家敢指着自家的产品自豪地说："我做的跟别家是不一样的！"有时候你嫌贵，他就说："你也可以去买别家的！因为我们做的是不一样的。"听了这样的话，很多人往往就不再犹豫而掏钱买下了。其实这是商家对自己产品品质的一种保证，而买家之所以掏钱买下不再犹豫也是出于对品质的追求。如果人们只想去买便宜的产品，那么就很可能错过了好品质。

有品味地吃还在于告别垃圾食品。医学上认为吃进垃圾食物，对身体根本没有任何的好处。而如果从饮食美的角度来说，它是不美的。

有调查说，现在每四位大学生当中，就有一人有心血管疾病。这么年轻的族群，心血管疾病是怎么来的？当然跟食物有关！像是食用油的重复使用，或未注意到吃的品质。现代社会，人们好像匆忙到连自己最切身的"吃"这件行为都草率了事，只是把自己"喂饱"。"喂饱"是一个蛮让人伤心的人类行为，因为我们有时对动物都不会认为它们只是被"喂饱"。相信养过宠物的朋友都知道,它们的食物现在都可以因为主人的关照而十分讲究,何况是人?所以人们应该从食物上来讲究,多爱自己一点,至少让吃的品质好一些。

身心合一、欢乐进餐

人们总是不自觉地将食物与情绪联系在一起,不管是忧伤还是欢乐。但是人们在情绪的带动下享用食物时,大多是不理智的,除非事先看到营养信息。就算明白"零食没有营养,吃多了会长胖",人们还是习惯在忧伤的时候吃东西,哪怕吃得很少,也不会不吃。似乎吃的时候就能让他们忘记这种忧伤。然而,事实并非如此。咀嚼零食的时候,忧伤的感觉的确暂时消失了,但也只是暂时。一旦停止吃喝,忧伤的感觉就会再次袭来,甚至比上次要猛烈。原来,忧伤从未离去,不管你吃下多少东西。

所以,当消极情绪来临时,不要把食物当成替罪羊。自古以来,人们就提倡"欢乐饮食",即进餐时要保持乐观舒畅的心情。宋代刘词在养生专著《混俗颐生录》中说的"脾好音乐,丝竹才闻脾磨",即《周礼》云"乐以侑食",即是提倡一种"在欢乐气氛下进餐"的观念。

现代医学研究证明,人的消化系统对情绪变化非常敏感。在积极、欢快的情绪状态下进餐,人的消化系统也会表现出积极的反应,比如胃黏膜充血发红、胃肠蠕动加强、消化腺分泌正常等,以利于正常消化。而在抑郁、忧伤、失望、悲痛等不良情绪状态下进餐时,消化系统会表现出一些消极反应,比如胃黏膜因缺血而显得苍白、胃肠活动减弱、胃黏膜分泌减少、胃内酸度下降等,不利于对食物的消化和吸收,甚至会引发消化性溃疡等肠胃疾病。

可见,健康的饮食需要积极的情绪做基础,在悲伤情绪下进食,只会让我们的身心更为糟糕。明白了这一点,当再次遇到因为情绪低落而不吃饭的朋友或亲人时，就不要再强行把他拉到餐桌前了。否则，心不甘情不愿地进餐，不但不会让他忘记烦恼，还可能会让他的身心更为糟糕。

讲究慢食的艺术

"狼"吞"虎"咽——狼和虎都是动物，所以变成一种动物性的吃饱，好像填鸭一样。美绝对不是填鸭，美是一种比较精致的品尝。"美食须熟嚼，生食不粗吞"的作者是唐代名医孙思邈，其意是告诉我们饮食养生的基本方法——细嚼慢咽。关于这一点，明朝的郑瑄在《昨非庵日纂》中也提到："吃饭须细嚼慢咽，以津液送之，然后精味散于脾，华色充于肌。粗快则只为糟粕填塞肠胃耳。"也就是说，细嚼慢咽才会让食物变成营养被身体吸收，狼吞虎咽虽然多吃了食物，却因来不及被肠胃的消化液分解而被排出体外。

当然，不否认我们在日子匆忙里、生活匆忙里，有的时候会随便打发自己的吃，可是不要忘记我们一直强调的，想要享受美就要留给自己一点点空间，并非很严苛地要求每天都要如此。有时候也许就是一餐，就会让你找回自己对食物的品味。因为找回了对食物的品味，第二天去上班时，你对于专业的要求也会变得不一样。

第十一章

世上真有完美体形吗——形体美学

你了解自己的"型"吗

穿衣打扮离不开你与生俱来的相貌和身材。各种式样的衣、裤、鞋、包等是否适合你，都要看你的相貌和身材是否能接受它们。自己能否穿着得体，完全取决于你自己对从外貌到身材组成的"型"了解多少！那么，你了解什么是"型"吗？

我们知道每一种物体都有"型"，当你看到物体时产生的那种视觉印象，无非来自于形体的轮廓、量感和比例这三个要素；无论是人还是物在形体上的道理是一样的。

人们经常会问，个人风格是怎样形成的呢？如何挖掘自己最有魅力的一面呢？这时，你就应该从认识自己的"型"开始。为了便于理解，我们把人体分为两个部分来进行体型的认识，就是脖子以上的脸为脸形，脖子以下的四肢为体形。

脸形

很多人在注视镜子中自己的脸形时，都搞不清楚自己的脸形该归于哪一类。那么，为了避免主观喜好而产生错觉，你可以用手触摸自己的脸，了解脸上的肌肉及骨骼的形状，发现自己未曾注意过的脸形特征。不同的脸形会给人完全不同的直观印象。如果能准确把握自己的脸形特点，并依此为基调整体进行化妆和服装搭配，就可以让你的第一视觉形象更具个性与魅力。

脸形的轮廓通常分为以下三种：

直线型："直线型"的脸是指脸的骨骼和五官的形状大体呈现直线感，给人一种硬朗、中性的感觉。

曲线型："曲线型"的脸骨骼都呈现曲线感。同时五官带给人的感觉是温柔的。

中间型：难以判断呈直线感还是曲线感的脸形则属于中间型。

脸形量感大小是指五官呈现的形态，一般分为三种：

大量感型：脸庞骨感、五官夸张而立体的人往往量感大；

小量感型：脸庞较小、五官紧凑而小巧的人往往量感较小；

中间型：介于大小量感之间的是中间型。

需要注意的是，在观察脸形的量感时，要看脸庞的骨骼及五官大小占整个脸的面积比，而不能单用一个器官的大小来决定量感。

体 形

人体的轮廓特征要经历从未成年到成年的一次变化。一般要在骨骼基本定型后才能正确分析出轮廓的曲直特征。

身体的轮廓主要是看肩部与身体整个骨架线条的倾向性，一般来说，人的身体轮廓分为三种：

直线型：如果一个人偏"端肩膀"，肩部走势平直，身材线条平直、骨感，一般就为直线型；

曲线型：如果一个人有些"溜肩"，肩部呈下滑的弧线，身材丰满、线条圆润，就为曲线型。

中间型：如果一个人的身体既不明显平直，也不明显圆润就属于中间型。

身体的量感是指骨架的大小，但是要注意，这与一个人的胖瘦没有太大的关系。也就是说，骨架大的人不一定高而胖，骨架小的人也不一定矮而瘦。

当然，在判断身体量感的时候要注意必须是在骨骼基本发育成熟之后。

量感分析的意义

我们在脸形和体型中都分析了量感，其意义在于：通过量感的分析，人们能知道自己是属于成熟而夸张型的大量感，还是属于非夸张型的小量感。这样人们在进行化妆和服装搭配时就可以知道是该选择偏夸张感的服饰还是非夸张感的服饰。如果你不属于这两个极端，那么你就应该穿着量感中庸一些的服饰。

 # 你属于哪种款式的风格

我们经常听到穿衣风格这个词，什么淑女风格、甜美可爱风格、中性风格、民族风格、前卫风格，等等，虽然每个人都可以打造不同的风格，但也都会有比较适合的和不太适合的风格。比如有的人喜欢民族风，但是穿上民族风格的服装不适合，有些人适合一种风格，但是自己不喜欢；有些人甚至根本就没有自己的风格或是不知道自己到底适合什么样的风格，在生活中乱穿一气，毫无美感可言。因此弄清楚自己适合的款式风格对于我们的形象美有很重要的意义。如果弄清楚适合自己的款式风格，就可以在生活中尽情地搭配了。比如在了解自己比较适合的风格之后，这个风格就可以作为日常着装的主打风格，在买衣服时也可大胆放心多多储备；不太适合的却又喜欢的风格，需要谨慎对待，尽量在局部采用这个风格，也就是减小这个风格的面积。

每个人都会有属于自己着装风格的款式，但不是每个人都会知道自己到底适合什么样的款式风格，其实这些都是有据可循的。

款式风格的八大类型

前面我们了解了自己的"型"，并且经过一番判断你可能得出了结论。你也许是直线倾向量感大的人；也许是曲线倾向量感偏小的人；在两者之间的，就是"中间型"了。

为了使这些比较技术化的语言更容易理解，有人把不同类别的体形用特定的名词来代替，配以形容词的描绘，就可以给大家增加一点形象化的概念了。

通过前面的内容我们了解到，量感很大或很小的人，一般五官分明，身材也有特色，轮廓的直曲倾向较明显。所以将他们的款式风格分为夸张戏剧和性格浪漫两种类型，如果再加上性别的分类，还可以再细分为英俊少年和可爱少女两种。而量感适中的人，轮廓氛围相对会多样化些，所以将他们细分为正统古典、潇洒自然和温婉优雅三种类型。

量感小的人中还有一种"个性前卫"的类型，这样的人的轮廓可直可曲，是一种精灵般的人。

八大款式风格的特点

八大款式风格各具特点，表现在人的外观上各有不同，所以要想知道自己是哪种风格类型，你需要了解这几大款式风格的特点。请阅读下面的形容词，找到与自身情况相吻合的一组，那就是你的风格类型。

1. 夸张戏剧

适应情况：夸张、骨感、大气、醒目、时髦、个性。

外在特点：个子高，骨架大，五官分明，有个性。

2. 感性浪漫

适应情况：成熟、华丽、曲线、感性。

外在特点：五官骨架不突出，圆润，凹凸有致，看上去有柔软的感觉。

3. 正统古典

适应情况：端庄、正统、精致、知性、保守。

外在特点：风度翩翩，整洁。

4. 潇洒自然

适应情况：随意、潇洒、亲切、自然、大方、淳朴、直线。

外在特点：随意自在是该类型的人特有的魅力，他们往往给人活力、健康的感觉。

5. 温婉优雅

适应情况：温柔、雅致、精致、小家碧玉、曲线。

外在特点：用柔和的线条强调温柔、优雅，柔而不"媚"、温文尔雅。

6. 个性前卫

适应情况：个性、时尚、标新立异、古灵精怪、叛逆、革新。

外在特点：很有个性，古怪精灵，与众不同，有个性，比例不那么标准化的五官，眼睛很亮，清澈逼人，身材虽小，味道十足。

7. 英俊少年

适应情况：中性、直线、帅气、干练、好动、锋利、简约。

外在特点：淘气好动或成熟干练，是我们俗称的"假小子"一类。有着一张线条分明、英姿飒爽的脸。

8. 可爱少女

适应情况：可爱、圆润、天真、活泼、甜美、稚气、清纯。

外在特点：可爱甜美，小公主一般，仿佛永远长不大。很有个性，小巧玲珑，活泼可爱，五官小巧，眼睛很亮，身体线条柔和，甜美可人。

其中，如果不管每年流行什么你都能轻松驾驭的话，那么你很有可能就是前卫型。

你适合什么服饰装扮

　　了解了自己的型和风格之后就可以对自己进行装扮了，但是这时还需要注意的是，不同款式风格的人所适合的服饰装扮是不同的。如果这一点把握不好，还是会出现各种不搭配的情况，而使得自己的形象美大打折扣。曾有人写过这样的话：

　　"服饰说，它的美丽往往因为人们的演绎而生动，是人赋予了它灵性……服饰需要与它珠联璧合的人去演绎，人是服饰的灵魂，从灵魂中散发出的迷人气质，才会魅力无限。

　　"生活中，人们往往会借助服饰相互沟通情感，相互传递信息，从而才会实现彼此认同。

　　"了解服饰语言，我们在与人交往中无声却鲜明地表明自我的同时，才能传情达意。发现服饰语言的秘密；你我从此心有灵犀。"

　　这段话其实就是在告诉我们，只有选择了合适和适合自己的服饰，才能充分发挥服饰的美，使自己在生活中以美的形象示人并得到他人的认同。

适合夸张戏剧型人的服饰装扮

　　对于夸张戏剧型人来说，特别的、有个性的衣服能最好地衬托出夸张戏剧型人的性格与气质。比如垫肩偏厚的上衣，夸张的多层花边，男性化的西装，皮毛一体等质感强烈的服装都非常适合夸张戏剧型人。

　　发型上，可以是短发、直发。

适合感性浪漫型人的服饰装扮

对于感性浪漫型人来说，花边、花朵都能让自己身上女人味道表露无遗。比如，花边衬衣、大荷叶裙等都能非常恰如其分地衬托出感性浪漫型人身体的曲线。穿着带有水滴、彩虹似的图案的服饰也很漂亮。感性浪漫型人最不适合休闲服装，如牛仔、T恤之类。

至于发型，感性浪漫型人适合华丽、妩媚、松散，突出女性气质的发型。可以是柔和的卷发、波浪、长发，但要注意发型修饰最为重要。此外，要回避拘谨、直线的发型。

适合正统古典型人的服饰装扮

对于正统古典型人来说，在服饰上选择正统的套装最佳。最棒的装扮就是垂感很好的西装，里面再穿一件丝绸衬衣。开司米、羊绒等面料非常适合这一类型人。简单的排列整齐的小型图案或条纹最显他们的气质。在运动类搭配上，一件开司米小圆领毛衣和直线条的长裤即可。但是注意，牛仔裤不适合正统古典型人。

正统古典型人适合一丝不苟、精致、整齐，带有高贵感的发型，头发要梳理得纹丝不乱。要注意回避随意性强、夸张的发型。

适合潇洒自然型人的服饰装扮

对于潇洒自然型人来说，其选择的空间很大，即便是普通的棉布衬衣，也可以穿得有型、时尚；粗针毛衣配长裤另有一种洒脱随意。比起华丽多彩的服饰来，朴素大方的格子裙更适合这个类型。平和的条纹、佩兹利螺旋纹图案、手工编织图案等也是你的上选。需要注意的是，潇洒自然型人在正装的搭配上要避免塔夫绸的灯笼袖礼服以及精美的花边、蕾丝之类的，那样反而表现不出你的洒脱风格来。漂亮的平跟鞋、靴子或运动鞋比纤细的高跟鞋更适合潇洒自然型人。随身的饰物可以选择仿象牙、木变石、贝壳等一切取自天然的饰物，更让你符合自身的气质。

潇洒自然型人适合潇洒、随意，不过分修饰、线条流畅的发型。有层次感的中长发直发、短发、碎发、随意的辫发等，都能增添"天然去雕饰"的纯朴气质。像是被风吹乱的发型或男孩子式的发型同样最适合随意的自然型。但要注意回避夸张、怪、过分修饰的发型。

适合温婉优雅型人的服饰装扮

对于温婉优雅型人来说，最适合的服饰当数以柔和线条的款式及面料为主的服饰。比起鲜明硬朗的紧身裙、细腻的套装、柔软的褶裙或荷叶裙更适合温婉优雅型人。而套装里面的衬衣，也应用花边等作为装饰。最好用水彩画似的、对比不要太明显的晕染图案。

温婉优雅型人适合柔美、优雅的发型，因此以中长发最好，柔软、弯曲的卷发，带有曲线感的飘逸直发、外翘的短发等都能与优雅型人温柔的气质相吻合。要注意回避过分夸张、中性化、孩子气的发型。

适合个性前卫型人的服饰装扮

对个性前卫型人来说，平庸的装扮是最不能让人接受的，他们往往要在装扮上讲究与众不同。所以突出新颖、别致、个性化强、与流行时尚接轨的款式最适合这一类型的人。通常，该类型的人应该选择有个性的饰物，花色双肩包等是"前卫性格一族"的最爱。

发型上，流行的发型都很适合这一类型的人。这一类型人还可以分为前卫少年型和前卫少女型。

对前卫少年型人来说，干练的超短发、有力度的直发、带有直线感的烫发等都能尽显前卫少年型女士简约而干练的气质。但要回避过分女性化、柔软、保守的发型。

对前卫少女型人来说，可根据脸形的特点和流行趋势，随意选择各类风格的与众不同的发型。但要回避平庸、成熟、保守的发型。

适合英俊少年型人的服饰装扮

太硬挺、成熟的套装或太飘逸的花边连衣裙都不适合英俊少年型人。适合这一类型人的服饰有裤装、裙裤、坎肩西装、短的套装，而在正装里的男式礼服最符合这一类型人的个性。对于这一类型的人来说，条纹、格子、小的几何图案、灯芯绒、纯棉、不那么硬邦邦的皮毛都很适合。

发型上，宜选择短碎发和直发。

适合可爱少女型人的服饰装扮

可爱少女型的人都比较适合飘逸的花边连衣裙，还有带有蝴蝶结、蕾丝花边和小碎花的服饰。曲线裁剪的、短的套装也会使她们变得漂亮。花朵、小点、小动物的图案也很符合这一类型人的外表。可爱少女型人也很适合穿薄而软的面料，还有兔毛、羊毛、柔软的小开衫。在饰物上，宜选择那些纤细、小巧、透明可爱的饰物。

在发型上，可爱少女型宜选择编发、马尾辫等能体现活泼气质的发型。

第十二章

扬长避短穿对衣——着装美学

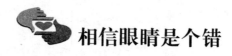 **相信眼睛是个错**

在我国河南省的公路上，有一种道路交通地面标线，它将传统的三车道白色虚线改为了白色视错实线，这使得开车经过的司机都不敢贸然提速、变道或者超车，因为这些白色的视错实线使道路看起来凹凸不平，路面变成了三条笔直的"沟道"，所以开车的司机不得不小心谨慎，而这条路上的事故率也因此下降了60%。明明是平坦大道，为什么这些地标线会有如此大的作用呢？

人们的视觉也会犯错

上述例子中的白色视错地标线之所以能让司机感觉到地面不平坦，就是人的视觉总会产生一些错误的感觉，这种视觉的错误感觉就是视错，或称作视错觉。

视错觉的种类大致可以分为两类，一类是形象视错觉，如，面积大小、角度大小、长短、远近、宽窄、高低、分割、位移、对比等，另一类是色彩视错觉，如色彩、颜色的对比、色彩的温度、光和色疲劳等。

这种视错被广泛运用于人们的日常生活中和艺术设计领域，它是不可缺少的形式美元素，许多艺术形式和美的产生都借助于人的视错觉。比如"视错"画就是一种立体感强、逼真、混淆平面与立体视觉的艺术风格。近年来，在家居设计领域，新技术下的后现代式幽默也开起了视错画的玩笑，比如英国年轻设计师 Deborah Bowness 的视错画墙纸"真实的假书架"，就引发了一场视错潮流，也使人们的生活空间得到了新的拓展元素。对于 Bowness 来说，立时改变房间风格的效果也是她设计的动力之一。不论过去还是现在，她一直希望能在设计中给墙纸注入"深度"与趣味，而不是市面上常见墙纸的平板和无趣。结果她真的做到了——她通过丝网印刷和手绘结合的方式，将原尺寸的家具还原在纸上。而这个系列的墙纸如今给人们的生活空间确实带来了很大改观。比如，在一个只有 2 米宽的卧室里摆上一张 1.4 米宽的床，如果在只剩下 60 厘米的空间里摆上其他更多的物品无疑会使人有种被压得喘不过气的感觉，但是用视错的图画使房间增加空间上的深度和广度，人们的目光很自然地会投入视错图画的景深之中，心情就会变得自由自在。面对这些充满智慧的障眼法，人们几乎不能相信自己的眼睛。

视错的研究，涉及医学、心理学、社会学、建筑学、美学等许多领域的知识。在真正利用视错的时候，人们也会结合面积、角度、长短、颜色等元素放在一起来用，让效果更加明显。

利用视错穿衣，越错越美丽

在服装设计中，设计师们利用视错原理通常会设计出一些能体现人们良好体形的服装。而对于想用穿衣来变美丽的人来说，在根据体形穿衣的规律中，同样可以利用视错来达到扬长避短的目的。

神奇的视错可以让人们领略到由小变大、由大变小，由长变短、由短变长，甚至是由曲变直、由直变曲的不可思议的效果。我们可以看一下世界著名艺术家创作的视错作品，然后将其运用到穿衣打扮中，你一定会被视错这位魔法师的神奇震撼！

1. 曲直视错

日本艺术家兼视觉科学家 Akiyoshi Kitaoka 创造过一幅咖啡店视错作品。看起来这是一张由纵向和横向规律的弧线拼成的画面，从而使中心有向前突出的感觉。让人看不出纵横交错的是直线还是弧线。那么如果把咖啡店的视错利用到服装中会有什么样的效果呢？

很明显，把咖啡店的视错利用到服装上使得人的胸部变得更丰满了。

2. 长短视错

米勒莱尔的幻觉视错设计，是在其中运用了透视的原理，大大增强了视错的效果，当我们想当然地认为远处的红线更长的时候，其实两条红线完全等长。那么如果把这个视错利用到服装中会有什么样的效果呢？

很明显，这种视错让服装的肩部显得更宽了。其实，只要在你想要变宽的体形部位装饰一条长线，越长越好，该部位就会变宽。

3. 大小错视

当同一颗樱桃放在一堆红苹果中和一堆红豆中，你在哪里能比较快地找出樱桃？樱桃究竟是大是小？樱桃明显看起来在红豆堆中显得更大。那么把这种视错用到服装中会有什么效果？

很明显，大小视错运用在服装面料的带花图案上可以很轻易地就让小个子的人显高了。

从上面的几个视错运用例子中可以看出，如果将这些视错理论用到我们自己身上，肯定能幻化出神奇般的改变，不容你不信，视错就是位魔法师，如果利用视错穿衣服，你就会经常见证自己的奇迹。

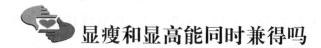

显瘦和显高能同时兼得吗

显高显瘦永远是女生们穿衣技巧中的重中之重，就连模特也会对自己的身材不满意，还要再瘦再高。那么显瘦和显高能同时兼得吗？我们可以很确定地告诉你，可以！举一个很简单的例子。大家应该都吃过拉面吧？但是不知道你们有没有看过拉面师傅拉面的过程。面条拉得越长就越细，而越细也就越长。所以，在显瘦的同时一定会有显高的效果。可以想想看，当一个正方形变窄之后自然会变成长方形，所以说，显高显瘦是一箭双雕的事情。那么，如何穿着能够明显地显高显瘦呢？

不对称的款式让身材瞬间显高显瘦

很多人在购买服装的时候会看到一些服装也有很多细密的竖线条，是不是就会觉得它一定不显瘦呢？其实当竖线在服装款式中安排不均匀尤其是左右不对称时，即使线条细密也依然会有很好的显瘦增高效果，这种服装显然脱离了竖线视错的范畴，是一种不对称视错。

当然，不一定非要选择那些竖条纹的服装，只要是能产生竖线效果的服装都可以，比如不对称的侧绣花或者不同面料材质的侧面拼接，都会很好地掩饰胖胖的体形。对于期待个头能更显高的矮个朋友们，不妨将图中的深浅色对换，但位置不动，效果最佳。

斜线款式的服装让身材显高显瘦

横线和竖线条的服装虽然也有能让人显高显瘦的功效，但是比起斜线少了一份动感和活力。因为有弧度的线条能给人以动感，如果能在服装上设计出有弧度的线条往往能使服装更有韵味。这也是一种线条的视错。著名笑星沈殿霞女士就是一个喜欢穿斜线款式服装的人，大家可以在网络上搜索一下，相信依然能搜索到她诸多身着斜线设计元素的礼服和演出服的形象，你可以发现，这些款式的服装动感十足，同时将沈殿霞的乐观好动、亲切可人的性格展现得淋漓尽致，而且与她穿着的没有斜线元素的服装相比，斜线的服装让她更加显瘦显高。

无论是一条或者多条斜线，都能很好地让大家实现显瘦显高的梦想，但是要注意的是，在选择这些斜线衣服时，也要注意倾斜度的大小和底纹线条的长短。一般来说，倾斜度越大，加底纹线条越长的服装显瘦显高的效果越好。

外短内长的搭配让身材显瘦显高

对于身材又矮又胖的朋友来说，外短内长的服装混搭最适合。首先，上衣的衣长超过臀部，就会比较压个子，所以穿短款的上衣，可拉长腿部线条，实现长腿显高的穿着效果。通常来说，上衣长度在臀部和腰部之间比较好，上衣越短意味着腿越长；其次，长款打底衫掩盖了整个臀部，所以无论腰、臀、腹有多胖都可以全部掩饰。

一般来说，这种外短内长的搭配很容易买到，也是目前比较流行的搭配方式。比如，齐腰长的短款针织开衫、高腰线的连衣裙都是常见款式，很容易买到。短款背心同样有提升身高的作用，并且可以成功瘦身。喜欢穿裤子的女生，也可以选择短款上衣搭配裤装。

有些人可能会觉得一些高腰服装和短款上衣一样，可以缩短上身，加长腿部线条的穿衣效果，这确实是对的，很适合矮个子的朋友，但是对于个子矮又比较胖的人就不太适合了，因为这种款式的服装瘦身效果不尽如人意。所以还是尽量选择外短内长的搭配比较好。

精纺面料的服装更显瘦显高

想要显高显瘦，服装面料的选择上也要有所讲究，一般来说，比较宽厚蓬松或表面不平坦的褶皱面料的服装面料往往会使人胖上一圈，不管这件衣服的款式是否属于显瘦显高的款式。这类的服装面料一般有棒针毛衣或粗线纺织出来的粗呢子面料。如果你不能够确定一种面料的服装是否会显胖，那么就去整理一下你的衣服，去叠一叠，当你发现有些服装很占空间、体积较大、很难折叠变小时，它就是很会让人显胖的面料。可以想一下，如此占地儿的服装，穿在身上也一定会让人显得更胖，同时会显得很矮。所以，身材较胖又矮的人应该多选择精纺面料的服装，比如细线平针毛衣、精纺细呢、精纺羊毛面料、丝绸、精细的棉布等都很适合矮胖体形的朋友穿着，当然，个子矮而偏瘦的人就可以不必理会了。

下摆不高的裙子更显瘦显高

喜欢穿裙子的矮个子女生不可忽视裙子下摆的位置，低于膝部5～8厘米最适宜，也最美观，身材不高可以穿长筒靴，但后跟至少要有7厘米高，而裙子的边要高于靴子的帮。不要露出皮肤或穿颜色对比鲜明的袜子。否则会吸引人的视线往下移、破坏整体的高度感。若是裙边短于上述的长度，就要配穿尽可能接近靴子颜色的袜子，以避免视线的转移。肉色长筒袜与窄窄的裙边，使小巧的身材显得高了许多。

 打造彰显活力的四肢完美线条

人的四肢线条是最彰显活力的人体线条，但也是最容易有问题体形出现的部位之一。然而，因为发福而使体形走样的人比比皆是，而这种变化尤其体现在人的四肢部位。

胖体形的人手臂一定粗，手臂变粗又不会上下均匀，通常上臂要比下臂丰满得多，侧面看手臂的形状上宽下窄，张开双臂很像蝴蝶的形状，所以也叫作"蝴蝶袖"。但是还有一群人同样很苦恼，那就是拥有竹竿臂的人，手臂太瘦了同样不好看。其实，对于女人来说，身上如果有哪个地方绝对不能瘦，那就一定是手臂。手臂的完美在于四个字"骨感圆润"，也就是不胖不瘦刚刚好，又能看到肌肉的轮廓，又能看到骨感的线条。

除了手臂线条的困扰，腿部线条的完美与否也是爱美之人非常关心的问题。夏天是最能散发形体魅力的季节，当然，这也是有人欢喜有人忧的季节，体形不好的人自然该是最苦恼的。像肩、胸、腰、腹、臀这些身体躯干部位，不完美的话还有得遮有得盖，但手臂和小腿的问题就没那么容易解决了，天气越是炎热，粗腿的人就越苦恼。

很多人不仅仅是腿粗的问题，还粗得不匀称——从膝盖到脚踝，小腿肚的强烈突起使得小腿曲线弧度很大，饱满的小腿肚即使用两只手同时握着也不能完全合拢，看起来就像可乐瓶。这是典型的琵琶腿。

那么如何打造四肢的完美线条呢？

手臂线条的完美打造

修长圆润的手臂总是最完美的。但是，不是每个人都有美丽的手臂，常常需要一些刻意的考虑。

如何判断自己的手臂是否过粗或者过细呢？

一般来说，测量手臂粗细主要需要测量大臂围和肘关节围。测量大臂围手臂自然下垂，从腋下水平围量大臂（一圈）；测量肘关节围：手臂自然下垂，肘关节最宽处水平围量一圈；如果肘关节围＋5厘米≤大臂围，就是粗臂体形；如果肘关节围＞大臂围，就是细臂体形。

对于手臂太细的人来说，在服装款式上要多选择穿长袖，袖长以盖住腕关节为宜。有匀称皱褶的袖子（褶子不要太碎、太密）或喇叭袖。

对于手臂太粗的人来说，在服装款式上要多选择穿略微贴身的质料（不要太紧）。穿宽袖口的服装，短袖长度应为上臂的四分之三。

切忌穿无袖、削肩或吊带式的服装；袖子紧绷在手臂上的服装；袖长不及上臂四分之三的服装，以及在手臂上佩戴引人注目的珠宝饰物。

对于手臂太短的人来说，在服装款式上要多选择袖子长的服装，袖长要比一般人多出 1/4 寸到 1/2 寸。假如手臂不很粗，袖子稍微紧一点无妨。也可以穿无袖上衣。尽量不要在胳膊上戴首饰，此外留长指甲会使手臂看起来长一点。

对于手臂太长的人来说，在服装款式上主要应多穿短袖或是盖住肘关节的半长袖。切忌穿无袖的上衣。

双腿线条的完美打造

东方人难得有修长结实的腿形，一般人的腿常常是过于细瘦或者短粗，因此，在穿衣上要动动脑筋。

如何判断自己的腿是否过粗或者过细呢？

一般来说，测量小腿粗细主要需要测量小腿肚最凸处水平围和膝盖骨中间围。测量膝盖骨中间围量的尺码 < 小腿肚最凸处水平围量的尺码，就是粗腿体形小腿肚最凸处水平围量的尺码 < 30 厘米，即细腿体形。

对于腿部粗胖的人来说，在服装款式上宜选择穿下摆较宽的百褶裙、曳地长裙；或下身穿直线条纹的裙或裤，或细窄的裤形，修身伸缩裤。裤管精致的反褶剪裁，能展现出腿部修长的效果。

在色调上，裙子、长裤选择深色调，如棕色或灰色、深色系列无疑能使下半身看起来较窈窕。要注意裙、裤和鞋袜的颜色要互相协调，不要对比强烈。

在鞋子选择上应该选择长度在踝部的短靴以及长度在膝盖骨部位

的无装饰的长靴。

切忌穿长度及膝上一两寸的短裙、紧身长裤或浅色丝袜。鞋子不要穿细致、秀气的系带凉鞋。

对于腿部细瘦的人来说，在服装款式上宜选择穿横条纹且质料较厚的裙子或长裤，穿不太紧的长裤或窄身裙。裙长及膝或至膝下一二寸。在颜色上，宜选择穿浅色服装。在鞋子上宜选择穿式样简单的低跟鞋。切忌穿 A 字裙或布袋装，紧身或深色的裙子、长裤，以及底厚跟粗的荷兰鞋或面包鞋。

第十三章

混搭为什么成为一种流行时尚——搭配美学

混搭有标准吗

经常逛街边小店的人会发现，一些小时装店没有店名，没有复杂的装修，没有热忱的服务，里面就是一件挨着一件密密麻麻的衣服，但生意好得没话说，吸引着周围各类女性的钱包。这是为什么呢？其实就是因为里面的衣服全部是大牌的跟风之作，其跟风速度甚至连很多大牌都望尘莫及。最重要的是，在里面夹杂着不少原单的外贸货，就算剪了标，明眼人还是会找出来。这样的店，衣服往往被还原到最公平的基本点，想在里面挑出一身来，不管你懂还是不懂混搭，你都在运用混搭。

相信每个人的生活圈子内都会有几个这样的固定的时装店，人们会因为距离和方便往往喜欢在这些店里购买服装。人们也会有这样的体会，去这样的店多了，就对里面的衣服熟悉起来，甚至能一下子知道与自己擦肩而过的人穿的是这家的衣服。人们也会发现，往往一件同样的衣服，被不同的人穿着，生出不同的风格来，好看的很好看，难看的很难看。为什么呢？混搭的水准不一样呗！那么有人会问，混搭有标准吗？

混搭没有标准，舒服就好

从混搭的字面意思就可以知道，混搭就是不规规矩矩地穿衣服，所以它没有固定的标准，一切只要自己觉得舒服、让别人看着舒服就好。

很多人在服装搭配上总是煞费苦心，想追求时尚又想有自己的风格，还想把自己打扮到最极致，所以研究来研究去还是选择一种风格，买什么衣服都选择这种风格，以至于衣橱中全部是同一个风格的衣服。而有些人明白混搭的意义，却也为求得留给他人一种美感而大喊苦恼。甚至有些人模仿明星和他人混搭，使自己陷入另一种"不规矩"的套子里。于是很多人开始寻求混搭的标准，在各种时尚混搭网站、杂志上穿梭，却总是得到画虎不成反类犬的效果。

其实服装混搭没有固定的标准，比如优雅风格的服装不一定非要与优雅风格的服装搭配在一起，用优雅的 A 型裙搭配另类摇滚风的饰品，会衍生出不一样的美感。其实根据自己的喜好穿着与为别人而穿心情是大不一样的。夏奈尔虽然为女性设计了各种美丽的衣服，但她却总是穿同样的衣服，一身非常简朴而又不同凡响的黑色，而且总是把手插在口袋里，特别喜欢那种在黄昏中穿着轻松的长裤把手插在口袋里散步的感觉。可见，混搭着装还是以舒服为主，没有固定的标准。得体舒适的衣服如果也能经常使你产生类似的美好情绪，那就是最好的。为了使衣饰与自己的心情能够产生和谐一致的感觉，有些女性偏爱采用柔软贴身的面料，款式随意、色彩平淡，这样能够始终保持心灵的沉静，不受别人眼光的干扰，有一种悠然自得的乐趣。

混搭不是乱搭

"舒服"二字即是对人们着装标准的释放，也是着装标准的上升。如何混搭出让人舒服的感觉其实也需要有讲究，所以混搭不是乱搭，不是随便搭配就都能让人感到舒服的。

混搭的确不是乱搭，除了前面我们讲过的基本原则，还有着一定的潜在准则。

第一，服饰是立体的，所以不要把上下装分开来看造型，而要学会进行整体把握。混搭的服装也要尽可能给人一种整体的感觉，或张扬，或含蓄，或错位，或协调，每一种混搭其实都有自己的特色。

第二，混搭一定要注意所有服装是要穿在自己"肤色"上的，而绝不是配在白墙或白色黑色的模特架上的。所以，在你决定选用某几种颜色进行混搭的时候，一定要注意它们与自己肤色的协调性。

第三，认为配件可有可无或不重视配件的人，注定在混搭上会失败。最聪明的人是把流行当"调料"放到当季衣服中，使自己永远保持别具一格的时髦。

第四，再多的元素混搭，都应该有一个统一的主题。

服饰混搭的艺术是难以用语言完全传达的，不仅能满足现代女性自我取悦和重塑个人形象的追求，而且能作为一种服饰语言，向环境和社会无声地传达女性的意愿。如果能够和谐运用，女人的魅力与气质将进一步得以充分发挥出来。

 # 平价的物品也能搭配出时尚感吗

随着人们生活水平的提高，越来越多的人将目光转移到名牌服装上，很多人觉得只有品牌服装才是时尚。

追求名牌可以拉动一个国家经济的增长。总之，有名牌没有错，那些有能力追求名牌的人也没有错，但是把名牌当作时尚是否对呢？平价的商品难道不能搭配出时尚感吗？

时尚与金钱无关

如果说时尚与金钱绝对无关是不太可能的，但是如果从服装搭配的意义上讲，是真的无关。去过上海的人可以观察到，在上海南京路、陕西路路口，常常可以见到提着 LV、Hermes 购物袋的时髦女士，前脚出了顶级奢侈品店，后脚就进了对面的 ZARA。这个事实就告诉我们，其实平价时尚连锁店不仅招工薪消费者的待见，还有大批富裕的消费者捧场。

这种平价时尚被人称为 MCFashion，即麦时尚、快速时尚。它最早是由英国的《卫报》提出。它代表着一种"麦当劳"（McDonald）式的便宜、快速、时髦的"大众时尚"，奉行"一流的形象、二流的产品、三流的价格"的经营哲学。相关品牌包括西班牙的 Zara、MNG，美国的 GAP、NineWest，法国的 Kookai，瑞典的 H&M，英国的 Topshop 等。"麦时尚"核心的理念是，时尚并非"阳春白雪"式的高昂奢侈享受，而是大众的快乐。因此，通过相对低廉的成本、迅速供应潮流的产品，薄利多销，是"麦时尚"们的商业逻辑。所以，"麦时尚"们摒弃了由著名设计师设计，在 A 国采购布料、B 国印染、C 国精雕细绣、D 国生产……高价销售的烦琐、精细的运营方式。从式样采集、设计、制作，到成品销售，"麦时尚"往往不超过数周，且不断频繁翻新款式。这种平价时尚的经营哲学是"时尚是在最短的时间内满足消费者对流行的需要"。也就是说人们可以只花费最多几百元，甚至几十元，就能拥有大牌的设计，这就是平价时尚品牌的魅力！如今，平价时尚已经从小人物走到大人物身边，从美国第一夫人米歇尔、英国新任首相夫人萨曼莎到各路明星，平价时尚从来没有像今天这般热闹。

有人把这种"平价时尚"的盛行，说是"新节俭主义"的兴起。"新节俭主义"是区别于传统节俭主义的一种新的消费观念，也是近年来渐渐流行起来的一种生活方式。它有着它应该遵循的特殊原则：

首先，不降低生活品质。"新节俭主义"并不是因为穷困而刻意节省，只不过是选择在满足物质需求的同时，能够不铺张，尽量达到节约的目的。

其次，不造成健康隐患。新节俭主义遵循的另一个原则是，对身体健康和心理健康两方面都不造成任何隐患。

最后，不增加额外支出。这里所说的额外支出，也不是单纯指经济上的支出，时间、精力、体力的支出也应该算在内。所以，在节俭的同时，不增加额外的时间、精力、体力上的支出，也是需要特别注意的原则之一。

可见，这种"节俭"不是不爱生活，而是用更理性的态度去享受生活，是一种以理性务实的态度面对人生的态度。它教会我们，丰足而不奢华，个性而不张扬，简言之，就是理性消费、简约生活。这样的生活也很时尚，但是与金钱的多少是无关的，不是吗？

只要有颗时尚的心，普通的衣服也能很时尚

品牌服装确实能引领一定的时尚潮流，但是对于普通的大众来说，大品牌还是一种奢望。难道只有有钱的人才能配时尚吗？当然不是这样。其实很多普通的衣服在恰当的搭配之下依然能呈现时尚的光芒，这就要看看你是否有一颗时尚的心了。

相信大部分人都会有牛仔裤。牛仔裤就是一种非常普通的服装，但是它可以与任何风格的服装搭配，所以，在所有普通的服装里，牛仔裤可以说是最时尚的，除了不能当晚宴服装，任何场合只要巧妙搭配都能给人一种时尚之感。同理，有很多种服装都很普通，但是确实是时尚搭配不可缺少的一分子，所以只要学会了这些普通服装的搭配，时刻注重时尚的趋势，你就可以仅仅花很少的钱搭配出时尚的美感。

 ## 便宜和贵的服饰可以混搭在一起吗

我们已经知道了，名牌对于消费者而言，有着极大程度的影响力。有人用名牌服饰彰显个人的品位风格，有人用名牌服饰满足自己的虚

荣心。总之，名牌名号的响亮使得人们趋之若鹜，但让许多人付出的代价，也往往不可忽视。

很多人在拥有一件品牌服装之后还是不惜余力地花费上一些钱为之做恰当的搭配，觉得高档的服装就要有高档的搭配，对于那些富裕的人来说也许不算什么，但是对于那种拥有品牌服装是一种奢侈的人来说，想要自己从头到脚都是品牌无疑会变得很难。难道贵的服装不可以和便宜的服装搭配吗？

搭配胜过品牌

人们爱美所以才会千方百计地设计出各种美丽的服装和配饰，也是因为爱美，所以才会追求时尚和品牌。爱美是没有错的，但是如果将爱美加上一点功利的色彩就变了一种味道。

很多时候，人们在搭配服装的过程中就能享受到很多乐趣，无论给你什么样的衣服，只要你和谐地把它们搭配在一起，让自己穿上之后富有美感，那么你就能获得美的享受，而这个过程与服装的品牌是无关的。

目前，人们已经拥有了前所未有的审美观念和鉴赏能力，尤其突出表现在个人服饰的搭配艺术水平上。衣着追求个性、追求自己的风格是人们殷切期望的，而且往往随着生活水平的提高而更为迫切。从众心理的淡化是形成自己穿着风格的外部因素，自主意识的强化则成为形成自我风格的内在动力。这一切都无关于服装的品牌。

可见，无论是便宜的还是贵的服装，只要搭配起来好看、协调就好。人们穿衣打扮是为了生活更精彩，是为了让自己身心愉悦，至于是否追求名牌，这些都与搭配无关。

有时候奢侈品只是配角

服装的搭配与品牌无关，只要效果好，无论大品牌还是没有品牌的服装都可以混搭在一起。甚至有时候，那些奢侈品仅仅充当的是配角。

曾经有一个杂志做了一期"走进奢侈新游戏"为主题的活动，其与读者探讨的是时下正在流行的没有压力的奢侈风，还给它冠以"奢侈新游戏"的头衔。主要是讲一群奢华新人类的穿衣态度，他们不会因为虚荣而买下高价的商品，他们轻视那些穿着浮华而生活质量一塌糊涂的人，并非吝于消费，而是根据自己的实力选择名牌，享受名牌带来的光鲜，却完全不会令自己精疲力竭。这些人推崇的是一种闲适的心态，一份高雅的情趣，一份亮丽的外表。其实，说白了，就是想穿名牌就穿名牌，想穿地摊货就穿地摊货。因为在他们眼里，二者没有多大的区别，都是衣服而已。

这个主题与一个新概念——新奢侈消费，有着异曲同工之妙。德国的实业家拉茨勒在《奢侈带来富足》（2001 年）一书中对旧式奢侈和新式奢侈做过有趣的论述。他以手机为例说明了两种方式的不同：如果一部手机是因为其先进的技术和为客户提供超值的功能而使价格出众，那么生产和消费这样的手机就是需要倡导的新式奢侈；相反，如果一部手机不是因为卓越的技术性能，而是因为手机套上了嵌有钻石的黄金外壳而使得价格昂贵，那么生产和消费这样的手机就是令人憎恶的旧式奢侈。从这两种情况的对比中可以看出，新奢侈消费是具有可持续发展意义的一种消费方式。这种发展意义主要表现为三点：

环境方面，新奢侈消费有利于促进高物质消耗向低物质消耗的转变。经济方面，新奢侈消费有利于促进从数量型增长向价值型增长的转变。社会方面，新奢侈消费有利于促进从物质性消费向情感性消费的转变。

从新奢侈消费的社会意义可以看出，人们消费已经不再是单纯地追求奢侈，而更加重视的是产品本身的功能带给人的满足感。美国波士顿咨询公司的研究者在《奢华，正在流行》（2003 年）一书中指出了新奢侈消费在四个方面给消费者可能有的情感满足。他们是关爱自己、人际交流、探索世界、表现个性。所以，人们在搭配服装时，没有必要将奢侈品与普通服装分得太清，只要能搭配出美感，即使大品牌，也可以做配角。

第十四章

为什么要美化你的居室——家居装饰美学

如何选到最合适的装饰品

凡尔赛宫建筑的设计上糅合了巴洛克与古典主义的风格，严谨而富于变化。雕刻、油画均出自名家之手，家具、饰物、工艺品荟萃了世界各地的精华。宫中有许多豪华的大厅，其中最为著名的要数"镜廊"。1680 年，芒萨尔在凡尔赛宫朝西面向大花园的那一面的正中，别出心裁地盖起了这个长廊，成为凡尔赛宫建筑中的一个亮点。

这是一个长 73 米，宽 10.5 米，高 12.3 米的长廊，拱顶上布满了场面宏大的绘画，描绘的是路易十四征战德国、荷兰、西班牙大获全胜的情景，这是画家勒·博亨的作品。长廊朝西的方向开有 17 扇通透的落地式玻璃窗，而同样大小的 17 面镜子与每一扇窗户一一相对，故称"镜廊"。镜廊的每一面镜子都由 483 块小镜片组合而成。镜中映照着窗外花园的美景，使空间豁然增大，并给人一种扑朔迷离的梦幻感，是典型的意大利巴洛克风格的体现。当年，路易十四常在此夜宴狂欢，轻歌曼舞中，不知今夕何夕。数百支蜡烛和三排水晶吊灯放射出的耀眼光芒在镜中跳跃，在人们的眼里闪烁，在金银器具上流淌，尽显声色之地的豪华与奢靡。

对于奢靡的凡尔赛宫而言，什么样的装饰品才能巧妙典雅又不落俗套地展现它的华贵之美呢？镜廊的横空出世，将整座宫殿的装饰推向了巅峰。

我们的生活中充满了各种装饰品，有画框、花瓶、小型雕塑、玩偶、模型、窗帘、地毯等装饰居室环境的装饰品，有经过醒目美化加工的钟、灯、水杯、水壶、盒子等实用物品，当然还有我们身上的各类饰品。当我们想要装修时，面对这些品种繁多的装饰品往往会觉得目不暇给，到底怎样选取才能给居室装修锦上添花而不是画蛇添足呢？

注重装饰品和装修风格的统一

在考虑一件装饰品是否适合我们的时候，应该首先考虑的是风格。我们的家居环境往往是已经通过硬装确定了风格的，那我们在挑选装饰品就应该尽量与家中的风格相一致才行。

例如，在地中海风格的家居环境中，突然出现笔墨纸砚，就会显得很怪异，原本可能和谐美好的视觉感受可能一瞬间就消失了。而在充满中国古韵的家居中，出现后工业时代的现代雕塑，也会不伦不类。即便是有些喜欢混搭的人也要注意不要和环境相背离才行。

选择表达主人审美情趣的装饰品

和家装风格一样，装饰品从某种程度上也代表着主人的审美情趣。所以家具装饰品的选择是应该和主人的喜好统一的。

就好像喜欢运动的人家中，很少看到过于静态的绘画艺术品；喜欢绘画的家庭中，也很少出现以足球为原型的装饰物。所以，我们在挑选装饰品的时候应该注重它们和我们的主体合一性，唯有如此，你才能装饰出"真正属于你"的家。

要选择有亮眼功效的装饰品

现在有很多人崇尚环保，所以硬装的部分会比较简洁，所以他们更看重利用装饰品来给整个平凡的整体增加亮点的作用。

在这种情况下，我们挑选的装饰品应该具有美的形态，另外不仅要求和环境统一，更重要的是能够烘托整体气氛之余起到画龙点睛的效果。所以装饰品还应该在色彩、纹饰上具有醒目的效果。而且装饰品的体积是值得考虑的，如果家居的装饰品贪便宜而购买太多小的饰物，反而得不偿失，因为过小的装饰品很难吸引人，装饰品要具有一定的体积才能引起人们的重视。

 # 如何做好室内绿化为居室添彩

很多人都有这样一个梦想，在属于自己的蜗居里，用亲手从河边捡回的石子铺一条小道，用青藤悬吊一架木制秋千，在淡淡阳光的午后，伴着清风飘荡……

回归自然，一直是都市人内心的一种渴求。如今，众多都市人已经不满足于只是在家里摆几盆花花草草，而是追求一种更浓郁、更地道的自然风情。于是，在西安一些别墅区，曾经只有在公共场合能看到的仿真假山、飞瀑以及青石板或碎石等装饰材料被陆续引进家庭装饰。

入户花园、屋顶花园、露台景观，就连住在普通楼房里的家庭也在居室里引进了园林景观。

据一家装饰公司的负责人说，近年来随着人们居住条件的改善，不少业主在装修时都会要求设计师在居室装修中用木、石、藤、竹等天然材料来创造自然、简朴、高雅的氛围，现在，这股回归自然的风潮正越刮越强劲。

可是不恰当的绿化反而画蛇添足，那么到底怎样才能在家装中融入绿色又恰到好处呢？

不同空间的绿色植物布置

客厅装饰用植物装饰客厅时就要考虑植物的高度，以求更为和谐完美，如选择盆花装饰桌子时，应选择植物高度为桌子对角线长度的三分之一（包括盆高）。客厅布置要注意两点：一是放置植物的地方，勿阻塞走动的通道；二是花卉的布置应尽量靠边，客厅中间不宜放高大的植物。

许多家庭客厅连着餐厅，这可用植物作间隔，如悬垂绿萝、洋常春藤、吊兰等。在地上摆放龙血树和印度橡皮树，这样就形成一个绿色垂帘，显得自然、美观、优雅。

卧室装饰。卧室是人们休息的地方，且面积较小，故布置植物不宜过多，宜安排小型的盆花，如芦荟、文竹等，尽量不布置悬吊植物，还可布置色香淡雅的插花，如山百合、黄花百合、水仙等。

书房装饰。书房是读书和办公的场所，因此布置时应注意制造一个优雅宁静的气氛。选择植物不宜过多，且以观叶植物或颜色较浅的盆花为宜，如在书桌上摆一两盆文竹、万年青等，在书架上方靠墙处摆盆悬吊植物，使整个书房显得文雅清新。此外，书房可摆些插花。插花的色彩不宜太浓，以简洁的东方式插花为宜，也可布置两盆盆景。

厨房装饰。厨房一般面积较小，且设有炊具、橱柜等，因此摆设布置宜简不宜繁，宜小不宜大。厨房温湿度变化较大，应选择一些适应性强的小型盆花，如三色堇等。具体来说，可选用小杜鹃、小松树或小型龙血树、蕨类植物，放置在食物柜的上面或窗边，也可以选择小型吊盆紫露草、吊兰，悬挂在靠灶台较远的墙壁上。此外，可用小红辣椒、葱、蒜等食用植物挂在墙上作装饰。值得注意的是，厨房不宜选用花粉太多的花，以免开花时花粉散入食物中。

卫生间装饰。卫生间面积较小，一般湿度较大，且较阴暗，不利于一般植物生长，因此应选择抵抗力强且耐阴暗的蕨类植物。卫生间采用吊盆式较为理想，悬吊高度以淋浴时不被水冲到为佳。

走廊、楼梯装饰。一般家庭走廊较窄，且人来人往，所以在选择植物时宜选用小型盆花，如袖珍椰子、蕨类植物、鸭跖草类、凤梨等，还可根据壁面的颜色选择不同的植物。假如壁面为白、黄等浅色，则应选择带颜色的植物；如果壁面为深色，则选择颜色淡的植物。若楼梯较宽，每隔一段阶梯上放置一些小型观叶植物或四季小品花卉。在扶手位置可放些绿萝或蕨类植物；平台较宽阔，可放置印度橡皮树、龙血树等。

巧妙布置植物创造趣致空间

你想在花园里做饭吗？你想每天的做饭就像在野外烧烤一样有感觉吗？想每时每刻都与清凉初夏接触吗？想让自己的厨房变成清凉初夏的花园吗？

我们当然不能住在如热带雨林般绿草丛生的地方，但是我们可以巧妙地摆放一些植物，使它们最大限度地发挥作用，让我们的家居环境变得更舒适、更健康。现在就教你几招关于厨房绿色植物的搭配方案。

环境学的专家指出，在合适的房间摆放合适的植物，能让你的生活更加健康、愉快。室内绿化能反映主人的性格，能使人领会到绿色植物的季相变化，能调节室内温度、湿度，能净化空气。厨房绿饰的原则是"无花不行，花太多更不行"。被誉为"西洋水仙"的风信子，就能点燃烹饪时的俏皮。其名源于希腊文阿信特斯的译音，原是希腊神话中为阿波罗女神所爱的一位英俊美男子的名字。风信子的花语为：喜悦、爱意、幸福、浓情。在国外，风信子的花语为"只要点燃生命之火，便可同享丰盛人生"。这话正好道出了风信子的芳容和内涵。如此俏皮的小花束，适合放在厨柜上或者餐桌上，别有一番生活情趣，而且能起到一定的清新空气的作用。

阳台空间有限，适合栽种攀藤或蔓生植物。在阳台外侧装一个小铁架，错落有致地放置各种各样的盆栽和鲜花，阳台内侧和扶栏上可以种植牵牛花、常春藤、葡萄等攀藤植物，看到它们爬到墙上垂成一片，既装饰了墙面还可以在夏日遮阳。

针对灰霾天气造成的空气污染，在阳台上可选择常春藤、吊兰、橡皮树、龟背竹、长春蔓、散尾葵、铁树、绿萝等植物，这些植物都是天然的除尘器。它们可以清除空气中的甲醛、二氧化碳、二氧化硫、一氧化碳、氯气、乙烯等有害气体。从观赏的角度出发，可在阳台上摆放君子兰、菊花、四季海棠、山茶、茉莉、杜鹃、南天竹、佛手、金橘、四季橘等植物。

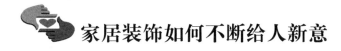

家居装饰如何不断给人新意

苏珊趁着圣诞期间将自己荷兰风格的小别墅装饰成了节日的天堂：丝带、花环、蜡烛、小摆设……所有你希望能够在糖果盒子里看到的颜色，都可以在苏珊精心的布置里找到。

"我从来都不觉得圣诞节应该是红色和绿色一统天下，虽然这种搭配的确不错，但总还是希望多进行一些尝试。比如亮黄色、嫩绿色、艳紫色、嫩粉色……这些都是我喜欢的。"

在布置房间的时候，总是从最基本的步骤开始。先用冬青树枝和黄杨木枝编织成装饰物挂在楼梯的扶手上，然后把黄杨木花环挂在壁炉上。接着，苏珊做了一件一般人很少有勇气做的事情——在一楼的起居室里摆上了五棵圣诞树！在圣诞树周围，苏珊摆放了很多的装饰礼盒、蜡烛和小灯。

"我希望自己今年可以尝试一些往年没试过的花样，以前我总是试图抵制这些小玩意儿的诱惑。这次，我把这些年来收集的一些小摆设和我儿子自己做的一些手工艺品都派上了用场。"

在黄白色为主导色彩的房间里，苏珊用自己收集的圣诞装饰物将节日的氛围带进了这里。新鲜的花朵和嫩绿的枝叶为房间增加了圣诞传统的绿色和红色。

想要有一个充满创意的家居空间吗？其实只要动一些小心思，家居生活也可以变得创意十足。

通过装饰品改造之前的布局风格

装饰品还具有改造的力量，它的存在可能会打破之前的布局结构，使其或者活跃，或者充实，或者突出，或者减弱。例如当我们觉得整体局部过于呆板时，就可以利用装饰品的颜色、形状来进行调剂。

比方说我们在黑白色调为主的居室中，就可以通过增加彩色靠垫、窗帘、地毯，或者鲜艳的花朵来活跃气氛；在过于方正的家居设计中，我们可以适当增加波浪形的隔板、柔和的玩偶、圆形的灯具等来柔化环境，打破原先死板的格局。这就是利用装饰品活化环境之妙。

留出家装创意角给无限"创意"

家里有一些地方是可以随着我们的喜好和心情不断改变造型来增添我们的生活情趣和新鲜感的，例如背景墙。

搭配具有热带丛林感的美丽装饰挂件：逃离城市，回归自然，考虑一下在客厅作出丛林自然风的格调吧！地毯上有树的年轮，靠垫上有绿色叶子？不用出门，在家就能领略到丛林中原始自然的美景。

地毯＋边几＋靠垫＋灯饰：空白的背景墙用蝴蝶造型的挂饰做装饰；沙发前的地面铺有大树年轮纹理的地毯；再给沙发上配两三个绿意盎然充满自然气息的靠垫，这些充满自然情调的配饰，是实现此风格的重要元素。

装饰色彩浓郁的大幅画作：多彩民族风格的家居用品有很多，靠垫、地毯、灯饰、摆件，挑选几款喜欢的配饰摆在双人沙发区里，用浓艳油画设计背景墙，浓郁的异域风情扑面而来。

多彩油画＋多彩用品饰品：绚丽的视频组合，是搭配民族风格的关键。极有民族气息的黑色圆墩形边几、绚丽花案的地毯，新配上东南亚的宝蓝＋羽毛装饰边的靠垫，还有沙发旁边的多彩玻璃落地灯，整体风格基调奠定后，再以油画装饰背景墙。

安装装饰性的壁灯：粉色和紫色不太容易驾驭，却是设计浪漫情调客厅的首选色，为双人沙发区添置一些粉紫色调的家居饰品，浓淡相互掩饰，小小的交流空间便多了一份浪漫气质。

粉红壁灯＋粉紫色用品：如果家里的家具颜色很素淡，添加明媚色系的粉盒紫装饰物件，如粉红色的灯具，粉或紫色的靠垫、地毯甚至是果盘，以色彩来丰富背景墙的表情，营造浪漫氛围。

设置彩色收纳架：极具个性的沙发区波普风格，例如具有情调的弯头落地灯，以及几何形状的收纳架；为了和背景墙面相呼应，我们还可以在沙发上、地面上点缀些同样风格的靠垫或小配饰，即可以产生很好的装饰效果。

影碟收纳架＋橙色家居用品点缀：打造个性波普格调的客厅，除了利用图案，还可以利用橙色物品，不需大面积铺排，因为橙色的色调非常明艳，只要在沙发前地面铺有橙色点缀的咖啡色地毯，就能与背景墙上的影碟收纳架相呼应。

如果你想让客厅沾上经典美式的时尚，格纹的家具饰品可以达成心愿，地毯、台灯、靠垫和暖暖的羊毛盖毯，散发出来的气息会让家充满温馨。

　　格纹布艺＋靠垫＋羊毛盖毯：在背景墙处，可以安装一组横款的格子收纳架，沙发边搭配两个组合款黑白色的格纹＋花瓣形状的小边几，沙发上点缀一款黑白格纹靠垫，配条暖色格纹盖毯，地面铺灰色调方格纹理的地毯，刚买的格纹时装包在客厅里可以找到许多伙伴。

第十五章

为什么有些产品看了总想摸一摸——设计美学

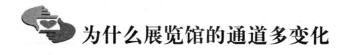

为什么展览馆的通道多变化

清人李渔在他的《闲情偶寄》中谈戏剧创新时说："变则新，不变则腐；变则活，不变则板。"

这个意思是说，所有的设计，无论是美术创作还是音乐或者写作，都要注重创新，如果永远都是一成不变的世界，很快就会为人们所厌倦。

在现代设计中也是一样，大到建筑样式，小到一个展览馆的通道都要有及时的变化，这样才能达到吸引人的目的。

以世博展览馆的通道为例，如果太平直单调，那么就容易使人感到过长、乏味，甚至觉得有些厌倦。但是设计者们使它们略有曲折变化，有时候用适当配置的建筑小品、装饰书画、花木盆景或立镜灯箱等来将它们处理成有节奏的段落间隔，这样可以使参观者觉得饶有趣味。

人人都会产生审美疲劳

我们前面提到过，"审美疲劳"是人们经常会产生的一种审美情绪。当人们频繁地面对同一种审美对象或是长时间身处一个没有变化的环境里，其对审美对象的兴奋就会减弱，不再产生较强的美感，甚至会对对象表示厌恶。所以，如果展览的通道没有过多的变化，人们就很可能没有耐性去参观所有的展览品。

我们知道，人们的好奇感是心理认知和感知的原动力，如果一件事物或者行为长期地体现在眼前，那么就可以说这个事物或者行为已经在心理上失去了好奇感，那么你的潜意识就会让你的头脑或者说意识转而去发现可以从新唤起好奇感的事物或者行为，这时，所谓的审美疲劳出现了。

从客观审美对象上说，审美疲劳有：自然美的疲劳、社会美的疲劳、艺术美的疲劳。从审美主体的角度说，审美疲劳可以分为审美觉疲劳、精神作用疲劳、社会关注疲劳。在具体审美活动中可分为："对具体对象的疲劳""美学风格的疲劳""审美趣味的疲劳"。

这些审美疲劳都是设计中的大敌，时时刻刻都在提醒设计者们需要注重应对。

应对审美疲劳的方法就是让设计多点变化

飞速发展的科学技术正在改变我们的生活，冲击我们的感官。200年以前，那时连电都没有，欧洲的贵族太太和小姐喝完了下午茶以后，悠闲自得地阅读经过印刷的纸质小说。100年以前，人们开始看到了一种叫电影的东西，当时的人们为这种真实的活动画面激动得心花怒放。50年以前，欧美等发达国家的电视开始进入家庭了。20年以前，电脑开始进入大学、研究所、军队和重要机关。10年以前，互联网开始在很少的一部分人群中使用。而今天，也就是2004年，我们已经进入了数码和网络时代，电影、电视、电脑，手机、互联网、随身听，我们每天都被淹没在由多媒体传播的信息中。这种由科技发展给我们的生活带来的巨大变化，使我们的感官总是处在兴奋状态。时间并没有变化，而是我们的感官已经无暇去品味岁月的流淌，无力去分享季节的变换。因为我们的感官太累、太辛苦，我们每天都处在审美疲劳之中。

这时候就要求我们的产品设计者们在设计中一定要多花心思，在简单的事物中求新求变。

例如每个人每天都能见得到音箱，但是能打破方方正正外观的音箱很少，因此千篇一律的造型让人产生了审美疲劳。但是巧妙的设计能够将这个审美疲劳一扫而空。

Soundflo 充气音箱：由 Dominik Chojnacki 和 Marta Lewicka 设计，整个音箱像一个大气球一样，不知道在放音乐的时候它会不会在房间中四处飘动。

Soundbucket 声音桶：这个像水桶一样的音箱是专为随身听而设计的，当你用随身听听歌的时候可以拎着它到处走动。

Exflowde 山峰音箱：这是一款非常有趣的音箱设计，看起来像是连绵起伏的山峰，由 Sunghyun Kyung 设计。它能用实体的变化来传递声音的节奏。

唯有在设计中力图求新求变，才有可能在产品设计中创新。创新是设计的根本元素，是和审美疲劳对抗的最大狙击手，我们一定要善待它。

 # 可以利用错视进行独特的美的设计吗

节日之夜的烟花，常常看到条条连续不断的各种造型的亮线。其实，任意一瞬间，烟火无论在任何位置上只能是一个亮点，然而由于视觉残留的特性，前后的亮点在视网膜上引成线状。再如你在电灯前闭眼三分钟，突然睁开注视电灯两三秒钟，然后再闭上眼睛，那么在暗的背景上将出现电灯光的影像。以上现象叫正后像。电视机、日光灯的灯光实际上都是闪动的，因为它闪动的频率很高，大约100次/秒上，由于正后像作用，我们的眼睛并没有观察到。电影技术也是利用这个原理发明的，在电影胶卷上，当一连串个别动作以16个图形/秒以上的速度移动的时候，人们在银幕上感觉到的是连续的动作。现代动画片制作根据以上原理，把动作分解绘制成个别动作，再把个别动作连续起来放映，即复原成连续的动作。

这些现象是错视中的一种。

眼睛并不是最靠谱的

前面我们提到过视错原理，其实就是我们现在所说的错视。我们来重温一下。错视，又称视错觉，意为视觉上的错觉。属于生理上的错觉，特别是关于几何学的错视以种类多而为人所知。视错就是当人观察物体时，基于经验主义或不当的参照形成的错误的判断和感知。视错：是指观察者在客观因素干扰下或者自身的心理因素支配下，对图形产生的与客观事实不相符的错误的感觉。

我们通常认为我们能以同样的清晰度看清楚视野内的任何东西，但如果我们的眼睛在短时间内保持不动，就会发现这是错误的。只有接近注视中心，才能看到物体的细节，越偏离视觉中心，对细节的分辨能力越差，到了视野的最外围，甚至连辨别物体都困难。在日常生活中这一点之所以显得不明显，是我们很容易不断移动眼睛，使我们产生了各处物体同样清晰的错觉。

其实我们一直在不知不觉中被我们的眼睛欺骗。

利用错视进行美的设计

这样的错视是人类特殊的一种生理形态，如果将它运用到设计中来，是一件很有意思的事情。

例如在居室中，其中一部分做吊灯，而另一部分不做，那么没有吊灯的部分就会显得"高"了。或者通过条形或整幅的镜面玻璃，可以在一个实在空间里制造出一个虚的空间，而虚的空间在视觉上是实的空间。这样的镜面设计在视觉效果上有不错的扩大空间的作用。

我们也可以利用色彩来达到设计效果，例如厨房大面积使用深色时，我们待在里面，就会觉得温度下降2～3摄氏度。这样的视觉效果可以影响到我们的心理感受。而在实木地板或者玻化砖等光洁度比较高的材质会显得较高的材质边上，放置一些粗糙的材质，例如复古砖和鹅卵石，那么光洁的材质会显得更光洁，这就是对比形成的视错觉。当一些建筑的天花板并不是平的时候，当弯曲度不是很大的情况下，可以通过处理四条边附近的平直角，造成视觉上的整体平整感。

这些错视设计如果被巧妙运用到生活当中，会给我们增添很多意想不到的效果。

其中有个最著名的案例，就是法国的国旗设计。

据说法兰西国旗一开始是由面积完全相等的红、白、蓝三色制成的，但是旗帜升到空中后在感觉是三色的面积并不相等，于是召集了有关色彩专家进行专门研究，最后把三色的比例调整到红、白、蓝的比例为35∶33∶37时才感觉到面积相等。这究竟是什么原因呢？

因为当各种不同波长的光同时通过水晶体时，聚集点并不完全在视网膜的一个平面上，因此在视网膜上的影像的清晰度就有一定差别。长波长的暖色影像由于焦距不准确，因此在视网膜上所形成的影像模糊不清，似乎具有一种扩散性；短波长的冷色影像就比较清晰，似乎具有某种收缩性。所以，我们平时在凝视红色的时候，时间长了会产生眩晕现象，景物形象模糊不清似有扩张运动的感觉。如果我们改看青色，就没有这种现象了。如果我们将红色与蓝色对照着看，由于色彩同时对比的作用，其面积错视现象就会更加明显。

就好像宽度相同的印花黑白条纹布，感觉上白条子总比黑条子宽；同样大小的黑白方格子布，白方格子要比黑方格子略大一些。

正是因为如此，法国国旗之所以能看起来色调和谐，区块均匀，都是错视设计之故。

设计中的字体如何选择才好看

现在走在街上，满街都是五光十色的广告招牌，尤其是晚上，霓虹灯照射下，各种各样字体的广告在高架桥上、高层的屋顶上四处可见。黑体、楷体甚至儿童体闪耀在城市角落昭示着各种各样的主题。

在平面设计中，基本上没有只有图片的设计，大多或多或少有文字，如广告中的标语，图书、杂志、报纸中的标题。这些文字为了获得醒目的效果，大多采用了不同的字体、字号来进行突出。

适当的场合用适当的字体

字体的种类是非常繁多的，单单看文档处理软件中使用的字体，就有黑体、宋体、楷体、魏体、姚体、隶书、彩云、琥珀、幼圆及其变体二三十种，更别说专业的设计字库了，怎么也有上百种字体备选。另外可以通过对字体进行变形、加阴影、加粗等处理方式，获得更多种类的形式。下面我们来介绍几种字体。

宋体。宋体也称印刷体，一般出现在报纸、杂志、小说正文。比较权威、正统的杂志用宋体较多。在商业设计中，宋体运用的是非常少的。因为宋体笔画比较细，难以识别，所以在海报、画册类中运用得比较少。

楷体。楷体一般用于书籍的前言与图片的注解部分。楷体的传统韵律比较强，所以在传统类的设计对象中运用得非常广，但是楷体不会作为主标题的文字选择。在副标题和广告（产品）解说（说明）部分运用得比较多。

黑体。黑体笔画很均匀并且撇捺笔画不尖，使人易于阅读。由于其醒目的特点，常用于标题、导语、标志，等等。当然常见的标题、导语采用的是方正字库里的粗黑、大黑、中黑，而不是我们操作系统里自带的黑体，如果从纯设计的角度来讲，黑体运用得也是非常少的。

方正细黑与方正细等线。方正细黑与方正细等线比较相似，只是方正细等线比方正细黑还要细，常用于时尚杂志的正文。方正细黑与方正细等线笔画横平竖直、结构醒目严密、便于阅读，所以时尚杂志中比较常见。当然，这一类字体不适宜报广（报纸广告）的文字选择，因为报广印刷粗糙，细黑几乎无法识别，但是在印刷精美的一些时尚杂志中，细黑与细等线会表现得非常精美。

方正报宋。方正报宋的外形比宋体要"方"、端正，不失时代气息也极具传统味道。所以方正报宋和方正宋一简体也常出现在一些时尚杂志的正文中。以上两种字体比较适合于铜版纸、哑粉纸、道林纸使用。

微软雅黑。微软雅黑是美国微软公司委托中国方正集团设计的一款全面支持 ClearType 技术的字体。微软雅黑是随着简体中文版 Windows Vista 一起发布的字体。微软雅黑的审美要比黑体的审美高雅很多。在海报与网站图标中运用比较多，不适合做正文和标题的选择，比较适合副标题文字的选择。

文章或标题要选用什么字体，应该先看文字内容的风格。每种字体都有自己的风格，采用与图片和文字风格一致的字体，就能将内容信息更直接地传达出去。在选择字体所需要考虑的因素当中，字体的风格是最重要的。

对于设计师的创作来说，每种字体都有其各自的特点与风格。什么情况下采用什么字体、哪类文字适合哪种风格的设计都比较重要，这也是值得思考的！比如无衬线的文字比较适合现代时尚设计中、儿童产品的设计中，粗体比较适合 HIPHOP 画面设计中，有衬线的文字一般运用在传统类、高端类、庄重类设计中，等等。在设计汉字时最好尝试一下不同字体所产生的不同感觉。这种感觉需要建立在长期的学习、观察和思考的基础上。

花哨和简单之争

有一段时间，杂志、报纸都喜欢把标题做得较繁复、花哨，仿佛这样才能将文字的意思传达得淋漓尽致。实际效果却不是这样。

大量的广告市场调查证明，文字的式样并非越复杂越美。文字所承载的主要还是其含义，它能清晰明了地传达含义最为重要，所以，我们在找寻合适的字体的时候，更应该注意字体对本意的传达作用而非其他。过多的修饰无异于画蛇添足。

简单的设计现在越来越流行，现在的标题、广告文字设计，大多选用简单的方式。用得最多的字体是黑体、宋体、楷体、隶书、幼圆和它们的变体，绝少修饰。这样的模式让文字的本来含义更鲜明。

如果需要对文字进行修饰，那么一般来说会选择突出某些字的方法，如标题的首字扩大，或者尾字的末笔延长，或对某些字的弯曲笔画进行夸张。如为了制造浪漫的效果，也可以对某个字进行图案化设计，如"心"字中心的点就可以变成一个心形，这样适当的点睛效果就足够了。

第十六章

跟随影评家还是自己的感觉——影视美学

观众为什么会被银幕上的火车吓跑

在最早的电影放映时期，当银幕上的火车轰隆隆、轰隆隆地越变越大时，观众会认为火车会直接冲向自己，而纷纷逃窜。曾经在日本发生过一件事情，当某著名恐怖片在院线上映的时候，有观众当场心脏病突发身亡。此后此类片子便禁止公映。

其实，观影者明知道自己在看电影，明知道眼前的都是假的，却为什么会陷入这样的悲剧当中去呢？

电影的叙事结构和角度影响人们的情绪

活动影像媒体展现给观众一种对人类情感最直接的再现，比其他媒介形式更能引起观众的感官反应和互动。因此研究者研究了电影直接作用于观众感官、感染观众情绪的媒介特性，如摄影机运动、剪辑、构图、演员的声音、音乐等对情感的引发，也考察了银幕上再现的人类行为如何引起观众的模仿，及如何感染观众的情绪。

尽管观众的情绪反应与对自己所关注的角色投入有关，但主导性因素是叙事结构、叙事角度等带来的影响。观众经常被一种希望理解故事的欲望驱动，对未知的故事好奇。为了让观众被故事吸引、有兴趣去弄清情节，最常用的方法之一就是让他们对角色产生感情，如同情、憎恶及罪恶感等。例如在电影中，观众们往往会因为自己的好恶而影响对电影走向的揣测，这是极常见的事情。

1979 年，导演弗朗科·扎菲雷利翻拍了一部 1931 年的奥斯卡获奖影片《冠军》（The Champ），讲述一名失败潦倒的拳击手试图东山再起的故事。扎菲雷利的翻拍版并未赢得好评。在臭西红柿（The Rotten Tomatoes）网站上，它的支持率只有38％。但是，《冠军》成功启动了9岁童星洛基·施罗德的演艺生涯。施罗德在影片中扮演拳击手的儿子。在影片高潮部分，乔恩·沃伊特扮演的拳击手在他年幼的儿子面前死去。"冠军，醒醒！"施罗德扮演的儿子伤心地不断抽泣着呼喊他的爸爸。这段表演为他获得了一座金球奖。

不仅如此，它还将为科学研究作出贡献。《冠军》的最后一幕已经成了世界各地的心理学实验室的必播片段。当科学家们想要让人们哀伤的时候，就会播放这一催人泪下的片段。

科学家曾使用《冠军》片段来研究患抑郁症的人是否比健康人更容易哭泣（答案是否定的）；它还被用于帮助测试，人们在悲伤的时候是否更可能花钱（是的）；年龄较大的人是否比年轻人对悲痛更加敏感（老人在观看这一片段时的确显得更加悲伤）。荷兰科学家用《冠军》的最后一幕来研究悲伤是否会刺激人们暴饮暴食（悲伤并不会增加人的食欲）。

电影的逼真性引起人们共鸣

电影在其诞生的最初年代，以其真实的生活场景、活动银幕画面，吸引了无数的观众，给人以无法用语言所能形容的新鲜感。电影作为活动的画面艺术，它有形、有声、有色，即使在无声电影时期，它也十分形象、直观，不需要任何媒介的中转，观众们就能直接感受到电影画面所呈现出的艺术形象。

随着科学技术的发展，在20世纪50年代，宽银幕问世了，改变了普通银幕所呈现的较窄小的视角场，为电影观众的视觉提供了更为广阔的空间，在更大的程度上还原于生活本色。后来新出现的嗅觉电影、全息电影、球幕电影，等等，使得电影能更真实地逼近生活，给观众以真实的感受。在电影的发展历史中，许多导演都很重视电影的逼真性，如意大利影片《伦敦上空的鹰》，为了追求生活的逼真，表现第二次世界大战中英军与德军的一次空战，摄影师不顾生死，夹在"死人"堆里翻滚拍摄，再现了双方数百架战斗机激烈空战的场面；又如格里菲斯在《党同伐异》影片中，为了使影片最大限度地逼近生活，搭制的宫殿布景纵深达1600米，周围有高达70米的尖塔，城墙有四层楼高，上面可容纳四匹马拉的战车交错驰过。并雇用了五六万人去搭建中世纪的巴黎和耶路撒冷城。在追求电影逼真性的时候，也不能忽视了细节的真实，否则，就会降低艺术的感染力。在这个方面，我国国产影片是有些欠缺的："有的不近情理不合逻辑；有的故作姿态，随心所欲；有的衣着奇特，时空失真；等等。"细节虽小，但它是一个人物性格气质的外延，体现着一定时代的风尚，如果处理不当，不但展现不出当时社会的氛围，而且有损于人物形象的塑造。

正是由于电影这样的逼真，所以才能在观影的时候将观众带入电影营造的"假似真实世界中去"，让他们的喜怒哀乐投入无法自拔。

 ## 为什么时空与节奏是让影视美感飞扬的两只翅膀

美国影片《阿甘正传》，以一个被正常人视为"低能儿"的阿甘为主人公，通过描写他神奇的个人生活历程，贯穿并展现了在第二次世界大战后，美国的人文历史景观。它以高科技的手段形成了影片中的种种视听奇观，并以全新的叙事方式，迎合了生活在后现实时代和大众文化消费者的欣赏需求。

该片在叙事过程中的背景配乐是精心设计的。它利用不同时代的

30 多首经典摇滚乐作品，形成独立的声音形象线索，以复调的形式、以链状的结构，参与影片叙事。也许很多人并没有注意到它们的存在，但这也正是这条背景音乐的成功之处，它潜移默化地、不知不觉地作用于欣赏主体的听觉感官，使影片的视听语言表现得更为自然流畅、使影片的节奏形成独特的风格。可见，一部成功的影片离不开时空与节奏的艺术化处理。

影视当中的时空结构

在影视作品当中常常会出现两种时空结构，一种是线性的，一种是交错的。

线性时空结构是影视创作中最基本的时空结构方式。这种时空结构方式依照事件进程的自然时序组织情节的时空，推进剧情。通常以时间为轴线，展开事件及人物性格的发展进程。线性结构的影视剧情节完整，讲究起、承、转、合，情节与情节之间有紧密的因果关系，所以剧情发展具有严格的逻辑性。由于脉络清晰、叙事性较强、矛盾冲突集中，符合现实生活的逻辑和顺序，这类结构的影视剧非常受普通观众的欢迎。好莱坞电影就采用了这一结构，即"时间的统一（连续性时延或间断但保持内在一致的时延），空间的统一（明确的地点），以及动作的统一（清晰的因果关系）来划分场景。段落的边界则用标准化的标点符号——叠化、淡变来标示"。

这就是古典好莱坞电影中最著名的叙事线性结构。在线性结构里，叙事作者和观者都期望建立一种和谐一致的情节动作时空，前后两个镜头、两个时空应有逻辑的关系，顺承观众的惯性感知，以避免观众产生混乱的时空感。这样，观众对故事和人物的理解是受影片控制的，影片的讲述者则隐藏不见，好像是故事在讲述故事自己，情节的顺畅成了至关重要的因素。

现代电影人急切地想在电影中实现所有现代艺术（包括文学、戏剧、绘画、诗歌）的表现，在电影风格上追求"光的写作""作者"意图以及"纯电影"形式。因为现代电影的中心议题已经不是古典时期的一个简单故事，而是对现代生活和现代人类状况作出描摹和判断，线性时空的叙事显然难以完成这一任务，它有赖于对叙事时空结构进行改造，于是叙事时空和叙事形式的交错成了现代电影人探索和追求的主要目标，也就形成了电影的时空交错结构。

时空交错结构其实是戏剧创作结构手法之一。它根据人物的梦境、幻觉、遐想、回忆等心理活动来组织剧情的时间和空间，把过去、现在、未来相互穿插、交织起来。追求主观真实的现代派戏剧常采用这种结构方式。它主要导源于"意识流"。如 A. 米勒的《推销员之死》，贯串始终的是威利的心理冲突和潜意识活动，作者通过威利的神思恍惚、自言自语，在下意识中听到笛声、笑声，把舞台时空自然地过渡、闪回至以往，又通过第三者的打断，使之回到现实，以此形象地展现人物一生的悲剧命运。现在，这种手段在电影中被不断应用，使得电影具备了较高的艺术性，带给人更多的审美感受。

电影作品中的节奏

于一般人印象中，电影的节奏大多出自情节的转折或动作激烈的场面。其实不然，镜头里包括的种种因素，光、影、颜色、角度、声音、动作、时间长短，无一不对影片的节奏起着重要的影响。同样的情节，在不同的形式表现下会起到截然不同的影像效果，观众接受的效果不同，感觉到的节奏自然不同。

所谓电影节奏就是艺术家根据作品中戏剧冲突和人物的情感状态，运用电影的各种表现手段，在蒙太奇句子或蒙太奇段落里形成动与静、动与动、静与静、快与慢、长与短、强与弱等对应，产生有序的跳动，并被观众感知的一种艺术形式。

电影节奏渗透在剧作、演员表演、造型、拟音、剪辑等环节中，而导演对影片不同节奏的形成起决定作用，这与导演的风格有关。节奏在影片中一般表现为平稳、重复、跳跃、流畅、凝滞、停顿等状态，常用高低、快慢、松紧等术语来称谓。拍摄影片时，既要由导演统一构思确定全片的总节奏，也要把握好每一个镜头的具体处理，使其在总节奏的制约下，通过演员、摄影、美工、音乐、录音、剪辑等环节形成特定的节奏感。节奏是电影情节张弛的体现，是调动观众情绪、吸引注意力、反映生活过程的重要手段。

节奏作为艺术的一个因素，对于电影来说更具有特殊的意义。电影是一门复杂的艺术，它的节奏的构成，是来自诸多方面的。如故事情节的发展，既在意中，又在意外，往往是一波未平，一波又起。戏剧悬念此起彼伏，扣子接二连三，有时使人紧张，有时让人松弛，这就产生了故事情节发展的节奏；如镜头的组接，它的长短、幅度的变化、动态静态的组合，还有平行、交错、重复、明暗、强弱等变化，从而形成蒙太奇的节奏；如音乐的旋律、速度、高昂、低沉、长短所形成的音乐的情绪色彩的变化，形成鲜明的节奏；演员的仪态、神情、姿势、动作、表情和台词的抑扬顿挫所形成的角色的行动的节奏。以上种种便构成了一部影片的总体节奏。

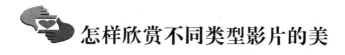

怎样欣赏不同类型影片的美

好莱坞著名影星贝尔之前在接受采访的时候表示："在之前的拍戏生涯中，我就接受过多样性的各式剧本，我沉浸于表演，没觉得自己被某种感觉困住，我接触不同性格的角色，与各种各样的愿意为电影冒险的人合作，所以这次我也很愿意一同冒险并接受挑战。"

表演者希望尝试新的角色，观众也愿意尝试新的类型。文艺片、战争片、伦理片，等等，我们面前仿佛对着一道满汉全席大餐，五光十色不知如何选择。

每一道菜都是可口的，每一类型的电影都是有魅力的，可面对这种迥然不同的电影，我们应该怎么去欣赏呢？

不同类型电影的魅力

文艺电影没有夸张的电影特技，没有匪夷所思的悬念，没有引人入胜的故事情节，但那种关注生命、人性、哲学的热情一直存在。《非诚勿扰2》中涉及了死亡，因为死亡，李香山的扮演者孙红雷似乎抢走了秦奋扮演者葛优的风头，台词比葛优还多。香山不想有一个不堪的死法，在他依然还活着的时候，请来了亲朋好友一起为自己开追悼会。不温不火的剧情在进行到追悼会时，演绎出了别具温情的一面。或许，导演想用葛优幽默的说辞、孙红雷愤青一样的调侃制造笑声，但事实上，很多人都哭了。这出追悼会或多或少引发了观众的思考，对于生命的、家庭的，或者更多。而这一点，是商业电影无法做到的。

中国的武打片或称功夫片，久演不衰，在世界影坛始终占据一席之地，受到了广大观众的青睐。而且杰出的武打明星更是为广大影迷所崇拜，李小龙、成龙和李连杰凭借武打片名声显赫。在商业因素日益左右电影发展的今天，武打片一度成为电影市场中的主力。为什么武打片会具有如此大的魅力呢？

武打片观众的审美心理。任何一类影片，若想在市场上站稳脚跟，首先必须有观众，而武打片恰恰迎合了观众的心理与欣赏口味。从人的本质上看，人有一种原始野性的遗迹，也就是人的一种原始心态。人潜在地有一种嗜血本能，这种野性和本能崇尚暴力残酷，也就是暴力欲。由于人生活在社会和群体中，自然会被各种各样的精神绳索约束，因此，这种野性和本能常常被压抑，无法表现出来；而武打片堪称一种安全的冒险，片中的打斗场面可以使人在观赏时将这种长久压抑隐藏起来的野性和本能宣泄出来，获得精神上的某种解脱。

传记片是以历史上杰出人物的生平业绩为题材的影片。主要情节受历史人物本身事迹的制约，不能凭空虚构，但允许在真实材料的基础上作合情合理的添加和润色。优秀的传记片具有史学和文学价值，如中国影片《林则徐》《聂耳》《孙中山》等。

欣赏电影是一种斗争

大部分人认为看电影就是看电影中所讲的故事，就是将电影当作叙事艺术来欣赏，因此，在大众的电影观念中，是否有一个好故事就是评价一部电影作品成就的第一性标准。真是这样吗？其实不尽然，一部好小说或者好故事，并不代表就是一部好电影，它只是为一部好电影奠定了一个好的叙事基础。人们必须注意电影艺术的第二种因素——表演。

作为表演艺术，观众欣赏电影不能光看电影讲了什么样的故事，否则就只把电影当成了小说，演员们的辛苦表演就毫无意义了。电影观众要有和导演、演员一样的敏感和细腻，要对如何表演故事感兴趣，也就是说不仅要知道是个什么样的故事，还要知道这个故事是怎么表现出来的。这其实就是一种自我斗争的过程。

当然，故事毕竟是电影最有诱惑力的方面。看电影总是不知不觉地会被故事吸引，跟着故事走。如此一来，人们试图有意识地超越故事，也便成了和自身的一种斗争。它要求人有不同于看电影的接受心理状态，在读解中去思索、联想、分析。从某种意义上说，欣赏也是等价交换：付出的越多，收获也就越多。因为付出的不同，所以得到的审美愉悦也不同。它需要欣赏者更主动、更积极地介入，而是否可能完全取决于自己各方面的准备。这又是另一个意义上的等价交换——谁准备得越充分，谁就能获得更大的审美满足。这种准备状态的不同极大地影响着对一部影片的读解。

意大利的卡斯特尔维屈罗在《亚里士多德〈诗学〉的诠释》中说："对艺术的欣赏就是对克服了的困难的欣赏。"他的观点至少说明两点：其一，欣赏不是被动地接受，而是主动地介入；欣赏是需要克服困难的，其中的关键便是媒介形式的超越。其二，欣赏即是对克服困难的欣赏，但克服困难的是谁呢？是自己。

那么，欣赏电影又要克服什么困难呢？电影是一种综合性的艺术，包容了文学、美术、音乐、音响、摄影、表演、导演、剪辑等艺术门类，而每个门类都有它们各自的方式、手段和技巧。这是极为庞大的艺术可能性空间，需要欣赏者通过不断的艺术积累才能获得和创作者在相当的水平上去进行交流。这当然是很困难的。由此看来，对电影艺术知识的掌握程度直接关系着欣赏电影的水平和能力。

第十七章

什么是"凝固的艺术"——建筑美学

为什么世博园建筑是一场"视觉盛宴"

2010年5月1日至10月31日期间，第41届世界博览会在我国的上海举行。此次世博会也是由中国举办的首届世界博览会。走进上海世博园区，人们就会对"建筑是凝固的音乐"这句话产生深深的共鸣，因为在世博园中，首先让人一饱眼福的，就是琳琅满目、风格迥异的各国国家馆的建筑。它们像诗、像画，就像是盛开在浦江岸边的"花朵"，对人们来说无疑是一场"视觉的盛宴"。比如，芬兰馆的造型为巨大"冰壶"，新加坡馆外观仿佛一个即将开启的音乐盒，等等。每个馆都有它独特的造型和特点，不仅体现了现代建筑的艺术之美，更体现了建筑的技术之美，而每个建筑的实用价值更是人们不可忽视的重要内容。

建筑美究竟美在哪里呢？

建筑美在实用

建筑作为一种物质与精神凝聚成的实体，它首要的特征就是对人"有用"。这种有用的特征，不仅直接制约着建筑美的形态构成与风格倾向，而且内在地决定着建筑美的一系列本质特征。

在世博园中的建筑不仅具有独特的外观，更具有巨大的实用价值。比如挪威馆由15棵巨大的"树"构成，模型树的原材料来自木材和竹子，通过屋顶的太阳能和雨水收集系统实现能源自给，原材料也可在世博会后再次利用。可见，建筑的美首先在于它的实用性。

早在公元前1世纪，古罗马建筑师维特鲁威在《建筑十书》中，最早提出了建筑的三要素：实用、坚固、美观，直到今天，它们仍然是建筑师们遵循的基本规律。建筑的实用功能决定了建筑首先是为人所使用的，必须满足人们实用功能上的某些需要。

建筑美的实用性主要表现为两点：一是物质性的实用本质，一是精神性的实用本质。其中，建筑美的物质性实用本质主要有两个方面的内容：一方面是个体的实用本质，即建筑的美对建筑自身的实用性。它表现为建筑美的造型、美的韵律、美的色彩、美的质地等。芬兰馆的"冰壶"造型就体现了建筑美的个体实用性。另一方面是群体的实用本质。这种群体的实用本质主要表现在建筑美对于人类生存环境的实用性方面。建筑以自己"美"的形象，组成了人类生存的社会性环境——城市，就是对此最直观的事实说明。

建筑的美，不仅具有物质性的实用本质，而且具有明显的精神性的实用本质。这种精神性的实用本质表现为，它具有引起人审美愉悦的本质特征。比如，新加坡馆的即将开启的音乐盒外形与馆内音乐的完美结合就给人以无比的美的感受。

建筑美在艺术

建筑的美，作为一种精神性特征十分明显的人类创造的审美对象，在其属性上，不是自然存在的因素，而是人为的因素，因此，它的美，就不是自然的美，而是艺术的美。

首先，建筑的美在"表现"不在"反映"。建筑艺术的取材，并不是从生活中来的。我们在人的生活中找不到建筑艺术造型的源泉，在自然界中也找不到建筑模仿的对象，所以它不是对生活和自然界的反映，而是对人的思想的一种表现。在世博会中，别看许多国家馆设计独特，标新立异，其实有着各自的含义。如罗马尼亚馆像一只"青苹果"，其表达出绿色城市、健康生活和可持续发展的理念。

其次，建筑的美在形式，不在内容。也就是说，并不是因为某建筑表现了什么精神内容，而引起了我们审美的激动，而是由于建筑它自身的造型、色彩、质地等显现出来的那种美的形式刺激了我们的感官，从而使我们产生一种审美的愉悦。

最后，建筑的美在抽象，不在具体。比如人们可以被万里长城那雄伟的造型震慑，形成壮丽的美感，却难以说出"万里长城"的造型究竟有一种什么意味。反过来说，就是人们没有对某个建筑的文化和历史背景的了解，同样能欣赏建筑的造型美。

建筑美在技术

建筑作为物质形态的存在物，它的发展与科技的发展是分不开的。在各类艺术中，建筑是最受科技制约，也是最得益于科技发展的一门艺术。

一座建筑一般都要在空间中保留很长时间，有的长达几个世纪。这种坚固的建筑物就必须以材料的质地、结构的规律以及科学技术的水平为前提。世博园的建筑之所以是一场视觉盛宴，不仅仅是它们具有美的造型和意义，还因为它们都是高科技的产物。据介绍，德国馆外墙使用的是一种网状、透气性能好的建筑布料，表层织入一种金属性银色材料，这种材料对太阳辐射具有极高的反弹力，同时，这种网状透气性织布结构，又能防止展馆内热气的积聚，能有效地减轻空调设备的负担。

所以说，任何建筑，都是人对自然的加工和改造，体现出一定的技术和技巧，是技术和艺术的结合。建筑的美，是建筑工业技术赋予的。

为什么建筑会给人以时空感

北京的故宫有9000多座建筑物，被圈于一个规模巨大的围墙内，各自个性鲜明，整体又排列井然，从天安门到午门，再经过小桥到达太和门、太和殿、保和殿、御花园……各幢建筑的次第排列，不仅给人以强烈的空间感，也使建筑的空间构图转化为了时间的存在，使建筑的静态美具有了动态感。为什么故宫的建筑能给人以这种空间与时间相结合的时空感呢？

建筑是一种人化的"四度空间"

建筑是空间造型的艺术和科学，在满足功能目的的同时，它常常具有随着时间序列的展开所显示的形体结构的造型美。建筑的空间性，在量的方面来说是"三度"的，即有长、宽、高，在本质方面则是"人化"的，是人的智慧外化的结果，同时是通过人的各种感官来感受的。

在苏联美学家鲍列夫的《美学》一书中曾有这样一段描述："建筑是在建造能满足人的居住和社会活动需要的楼房和各种建筑物时按照美的规律创造现实的艺术。建筑创造一个与自然相隔离、与自然环境相对立，使人能够利用人化空间满足其物质和精神需求的封闭的、人造的、既有功利性又有艺术性的世界。"这段话不仅明快地揭示了建筑作为人战胜自然的产物的本质与功能，也直接地道出了建筑作为艺术的特征。建筑的美，也就恰恰在这"人化空间"中显示了自己与其他与众不同的审美魅力。

建筑的空间正由于具有这种"人化"的特点,又由于对建筑艺术的欣赏需要进入其中或围观其外,这就使得建筑的美,在这种物理或数学的空间形式中,拥有了另一个不可缺少的因素:第四度空间,即时间。这一因素在任何时期、任何形式的建筑中,都是不可缺少的。从最早的草棚建筑到最现代化的住宅,从原始人的简易茅屋到今天的教堂建筑、学校建筑、办公楼建筑,以及形形色色的纪念性建筑等,没有一种建筑不需要第四度空间,不需要人入内察看或绕场观摩所需要的时间。这样一来,它使得建筑的美,在具有空间性特征的同时,获得了时间性,在静态的艺术形式中,获得了动态的审美效果。

建筑的时代性加强了自己的时空感

德国现代建筑先驱之一的密士先生在《谈建筑》一文中曾经指出:"建筑是表现为空间的时代意志","建筑依赖于自己的时代","它是时代的内在结构的结晶","建筑艺术写出了各个时代的历史","显示出时代的面貌"。他用诗行的形式,概括地指出了建筑艺术与自己所处时代的关系,简洁却十分明确地点明了建筑的时代性。建筑正因为具有这种时代性,所以,它才使自己的美具有了"活的,变化的,不断更新"的能力,也增强了自己的时空感。

建筑是一定时代意识观念的显现。建筑作为人的一种精神创造物,早就存在于人的头脑中了。而人在头脑中对建筑进行构造的时候难免会受到时代意识的影响。所以,当建筑从"观念的形式"到以物质实体的形式出现在大地上后,它的身上就不可避免地要打上时代意识的印记。这种时代意识的印记又直接地影响了建筑美的造型及相应的审美效果。所以,在一定时代意识的规范和影响下,建筑的美也呈现出不同的格调。比如,文艺复兴的建筑美,充满了豪迈、大度的情调,"巴洛克"风格的建筑美,则荡漾着虚幻、新奇、豪华、浮艳的秋波。

建筑是一定时代文化形态的结晶。建筑作为人的物质活动与精神活动两重结合的创造物，它也必然会形象地记载人所处时代的文化特点。例如，中国专制时代的文化，就形象地凝聚在了中国古典建筑中，如寺庙、宫殿、碑林等。而现代的文化，也凝聚在了摩天大楼那巨大的体量、多样的结构、缤纷的色彩上。可见，一个时代有什么样形态的文化，就必然形成什么样的建筑格局，具有什么样的建筑美。

建筑是一定时代审美倾向的体现。建筑艺术作为客观存在的审美对象，虽然它可以在新的时代，给人以新的审美感受，但是早已凝固于它自身的审美倾向，不会因时代的变化而变化。因为，当建筑出现在大地上的时候，就已经承载了一定时代的审美倾向，所以，人们对建筑的审美感受尽管可以常新，但建筑自身的审美倾向不会常变。

 # 中式建筑为何大多讲究对称美

中式建筑风格是以宫廷建筑为代表的中国古典建筑的室内装饰设计艺术风格。一般来说，中式建筑都气势恢宏、壮丽华贵、高空间、大进深、雕梁画栋、金碧辉煌，在造型上都讲究对称，色彩讲究对比，装饰材料以木材为主，图案多龙、凤、龟、狮等，精雕细琢、瑰丽奇巧。故宫可以说是中式建筑的典型。故宫总体来说是四方形，东西两侧对称结构。中间的中路贯穿南北，同时是北京城的中轴线。重要的三大殿、三宫全部在中轴线上。因为明清两朝皇室需要，前后划分为办公区和生活区两大部分。前面的办公区以中轴线上的午门、金水桥、三大殿为中心，两侧对称坐落着文华殿和武英殿两个外路，以及各种小型建筑如皇子居住的南三所等；后部以三宫为中心，两侧对称建筑有东西十二宫，即12个各自独立的小四合院。

从故宫的建筑结构可以看出，中国古代建筑和西方建筑的差异很大，是什么缘故形成这种差异的呢？中式建筑为什么如此讲究对称呢？

中庸之道的影响

中国建筑拥有悠久的历史传统和独特的文化积淀，有着丰厚的传统财富，其中，中庸是中国传统思想的最高价值原则，被孔子尊为最重要的道德标准，也是孔子解决一切问题的最高智慧。中庸，就是恪守中道，坚持原则，不偏不倚，无过无不及。在处理矛盾时善于执两用中，折中致和，追求中正、中和、稳定、和谐。并且随时以处中，因时制宜，与时俱进。运用在建筑领域就是我们今天所见到的中式建筑的对称。

与西方古代基督教文化相比，中国文化明显地具有人本主义倾向，它强调以现实的感性人生为中心，不追求人以外的东西，这就与西方古代以神为中心的宗教文化形成了鲜明的对比。这种人本主义倾向，在建筑中的最大体现就是天人合一。而中庸之道的理论基础就是天人合一。这种以人为本、天人合一的思想使得中国建筑在体量上并不追求过于高大，无论是宫殿还是平房，大多更喜欢横向发展。从故宫和北京的四合院的结构可以看出，中国建筑总体上以单层为主，通常以单间的房屋为单位，先组成一个庭院，再以无数个庭院组成一个大的建筑群。这种建筑方式，不仅利于组合，方便发展，还使其具有天人合一的和谐感，使建筑犹如在大地上蔓延一般。这种以平面延伸为壮丽的观念体现了中国人的空间意识，同时群体的序列有助于统治王朝的威严。从伦理上说这种格局体现了儒家的等级观念，是专制社会体制在建筑领域的典型体现。从审美的层次上看，强调群体组合，强调有序化和对称性，追求平面伸展对称，是中华民族普遍的审美观的体现。

礼乐精神的要求

儒家思想的一个重要内容就是礼乐精神。礼和乐本来是指两种不同的仪式活动。

礼是指祭祀山川天地、列祖列宗等活动，后来被儒家引申为专制文化的政治、伦理道德秩序，如君君、臣臣、父父、子子，它把人划分为尊卑有序、上下有别的不同等次。儒家崇尚礼制，就是要维护社会的等级和秩序，作为中国建筑的基本形式的庭院典型地体现了这一点。一方面，四合院的布局具有严格的规范和秩序，一般来说，居中为尊，中堂为中心建筑，它位于中心轴线上，是全院的中心，轴线两侧则为厢房，后面、北面的小院则为厕所、贮藏室以及仆人居住的场所，整个布局具有明显的等第次序之分。比如，在普通民宅中，通常长辈住在上房，哥哥住东边的房屋，弟弟住西边的房屋，女眷居住在后院，不得迈出二门。其他的正房、厢房、耳房、门厅、走廊、偏房等都各具等级，各房的形制不得逾越自己的等级，不同等级的人使用不同的房，不同等级的房有不同等级的作用。而在皇宫中，只有皇上的长子才能居住在东宫，而女眷们只能住在后宫。

乐则是指皇室贵族的娱乐活动，相应地也就有礼器与乐器之分。礼是秩序、规范，乐则使人们自觉地认同这种秩序、规范，把外在的政治、伦理道德秩序转化为内在的自觉的情感要求。

中国的古代建筑大多会按照伦理制度建造庄严的外观，但在建筑的内部，特别是建筑的后部，充满了诗情画意。中国的建筑外观看上去有上下尊卑之别，但它也是统一的整体，各种不同等次、功能的建筑共同围护着一个庭院空间。这种庭院空间把户外空间组合到建筑范围内，成为公共活动的场所，家庭的各种成员都可以在此围坐，从事娱乐以及一般性的家务活动，老人可以在这里聊天、晒太阳；小孩则在这里嬉玩，女子在这里从事女工等家务活动，夏夜也可以在此乘凉，庭院成为家人在一起享受天伦之乐的极佳场所。也正是出于这种原因，中国古人非常重视对庭院的美化，而以木结构为主的结构方式是对庭院美化最基本的体现。中国建筑多以木结构为主，其主要作用并不是用来承重而是分隔空间，使房屋内部的空间布局获得最大的发挥。作为房间分隔的建筑构建，通常是便于安装、拆卸的活动构件，能对空间进行任意的划分和改变。这使得建筑的内部空间也可以很好地与外界空间相交流，甚至可以在室内叠山辟石，栽花培木，建造走廊，搭凉棚花架，使空间极富变化，这使得中式建筑的庭院更具有浓厚的诗意化的色彩。

第十八章

让心灵诗意地栖息——艺术美学

诗词美学：生活需要一点诗意

诗词是我国古代文化的瑰宝，它们以大开大合之势在我国的文化舞台上占据重要的地位，在诗词的舞台上也出现了一大批文人骚客，如诗仙李白、诗圣杜甫、诗鬼李贺等一大批闻名遐迩的大诗人。比较著名的词人有苏轼、李清照、秦观、柳永等，这些人都在用自己的风格书写属于自己的心情故事。诗词以其独特的魅力受到很多人的喜爱，不同的人对诗词有不同的喜爱原因，很多人喜欢诗词的韵律美，这种韵律美可以和音乐的韵律美相媲美，并且好多的诗词都能在谱曲的情况下进行传唱。有的人喜欢诗词，是因为诗词的意境美，诗词重在含蓄，它们往往会呈现出优美的意境，作者也是通过这些优美的意境来抒发自己的情感。所以，欣赏诗词艺术可以从两个方面入手，第一个方面是欣赏诗词的音乐美，第二个方面是欣赏诗词的意境美。

诗词的音乐美

诗词易于传诵的原因是具有音乐美，而这种音乐美得益于押韵，诗歌在诞生之日起就是十分注重押韵的，诗的鼻祖《诗经》就是押韵的。以后，押韵的传统在诗词这里得到了强化和提升。韵脚大多出现在诗句的末尾，这样可以读起来朗朗上口，听起来动听悦耳。如李白的《春夜洛城闻笛》：

谁家玉笛暗飞声，散入春风满洛城。

此夜曲中闻折柳，何人不起故园情？

在这首诗中，"声""城""情"押韵，读起来朗朗上口，初步体现了诗词的音乐美。

诗词音乐美不仅仅体现在押韵方面，还会体现在节奏方面。诗歌中的五言和七言以及长短句本身就是音乐美的体现。后来，平仄的用法引入诗句，这样诗词的节奏感就更强，也就是说诗词音乐感更强。因为，平仄的引入使诗句的节奏抑扬顿挫、起伏有致，节奏变得更加鲜明。这些节奏鲜明的诗词如李白的《蜀道难》《将进酒》，杜甫的《茅屋为秋风所破歌》等。词中的《浪淘沙》《雨霖铃》《玉簪秋》等。这些典型的诗词节奏感非常强烈，抑扬顿挫、一唱三叹，给人极强的音乐感。李煜的《浪淘沙》是这方面的典型：

帘外雨潺潺，春意阑珊。罗衾不耐五更寒。梦里不知身是客，一晌贪欢。独自莫凭栏，无限江山。别时容易见时难。落花流水春去也，天上人间。

整首词读起来朗朗上口，音乐感极强，这首词也被谱上了曲，广为传唱。

词是最易于传唱的艺术形式，因为词长短句错落、单双音节错落、韵位错落，这些特点就决定了词十分易于歌唱。另外宋人在作词时，首先考虑的便是它的歌唱性，李清照主张词要"可歌"，这一思想在她的《声声慢》里得到了体现：

寻寻觅觅，冷冷清清，凄凄惨惨戚戚。乍暖还寒时候，最难将息。三杯两盏淡酒，怎敌他，晚来风急。雁过也，正伤心，却是旧时相识。满地黄花堆积，憔悴损，如今有谁堪摘？守着窗儿，独自怎生得黑？梧桐更兼细雨，到黄昏、点点滴滴。这次第，怎一个愁字了得？

在这首词中，李清照用了七组叠词，叠词本身就极富音乐美。读起来声调高低错落，感情跌宕起伏，带给人的是独特的音乐享受。

不管是唐诗还是宋词，都具有极强的音乐美感，也正是这种原因，诗词才能流传千年，经久不衰。这也是为什么唐诗宋词易学不易精的原因，"学会唐诗三百首，不会作诗也会吟。"只有具有音乐美才能达到这样的效果。

诗词的意境美

诗词之美，美在意境。音乐美强调的是形式之美，意境美强调的是内涵之美。意境美是中国古代诗歌所追求的最高艺术标准，判断好诗词的标准是这首诗词的意境是否美。对于诗词来说炼句不如炼字，炼字不如炼意。优秀的诗词都蕴含美的意境。王昌龄在《诗格》中提出诗有三境："一曰物境，欲为山水诗，则张泉云峰之境，极丽绝秀者，神之于心，处身于境，视境于心，莹然掌中，然后用思，了然境象，故得形似。二曰情境，娱乐愁怨，皆张于意而处于身，然后弛思，深得其情。三曰意境，亦张之于意而思之于心，则得其真矣。"由此可以看出，意境是主观与客观的融合，表达的是事物的内涵和作者的思想情感。比如韦应物的《滁州西涧》：

独怜幽草涧边生，上有黄鹂深树鸣。

春潮带雨晚来急，野渡无人舟自横。

整首诗描写的是春天涧边的景色，幽草、春潮、小船构成了整首诗独特的意象，诗人展现给读者的是一幅幽深的画面，表达的是诗人心情的闲适和恬淡。综合来说，诗的意象和诗人的情感就是这首诗的意境。再如辛弃疾的词《清平乐》：

茅檐低小，溪上青青草。醉里吴音相媚好，白发谁家翁媪？

大儿锄豆溪东，中儿正织鸡笼；最喜小儿无赖，溪头卧剥莲蓬。

这首词写了普通农家的生活场景，整首词的意象都是非常欢快的，表达的是作者对农村生活的热爱。恬淡快乐就是这首词的意境之美。陈子昂的《登幽州台歌》：

前不见古人，后不见来者。

念天地之悠悠，独怆然而涕下。

这首词没有直接写幽州台的景物，却写出了天地的漫无边际，塑造的是空旷寂寥的意境，表达的是作者对现状的不满，让人不仅可以领会出幽州台的氛围，而且可觉察出当时的社会环境。

诗词的意境美，美在景物，美在意象。而这些景物是作者思想感情的寄托，它们和作者的情感交融在一起，呈现在读者眼前的是优美的意境。所以，在欣赏诗词的意境时，要注意观察诗词中的意象和作者渗透的情感。

 舞蹈美学：身体与心灵的完美结合

100 年前，《天鹅湖》在俄罗斯首次上演，却没有受到欢迎，甚至可以说是惨遭冷遇。柴可夫斯基痛心疾首，并且决定以后再也不写舞剧。20 年后，在纪念柴可夫斯基逝世一周年的音乐会上，著名的舞蹈艺术家列夫·伊凡诺夫重新上演《天鹅湖》，这场演出取得了空前的成功。为什么两次演出会有如此大的不同呢？原来参加第一次演出的"天鹅"背上有双翅，想通过这种形态来表现天鹅的形象，而伊凡诺夫的"天鹅"只有头顶和裙摆上有羽毛，其他的主要依靠舞蹈动作来表现天鹅形态。这个故事告诉我们，舞蹈是一项尊重自然的艺术，越是靠近自然的舞蹈，越能给人带来美好的享受。另外，舞蹈是一项崇尚虚拟象征的艺术。在欣赏舞蹈时要从这两个方面着手。舞蹈是种艺术，是艺术就需要具备欣赏艺术的眼睛，所以，要想成功地欣赏艺术，就要丰富自己的舞蹈知识。

舞蹈的天性是自由

舞蹈是崇尚自然的，这要从舞蹈的起源说起，在原始社会就已经有了舞蹈，原始舞蹈来源于自然，原始人装扮成各种野兽，以此来对抗大自然。原始人的舞蹈多和祭祀、驱鬼等一系列事情紧密相连，所以他们的舞蹈具有原始的粗犷特点。随着时间的推移，舞蹈也发生了很大的变化，但是不管怎样改变，它的原型都来源于生活，都来源于大自然。这就决定着舞蹈不能是僵硬的艺术，要用自然的表现来展现舞蹈之美，这种自然通俗一点来说就是自由。具有"现代舞蹈之母"之称的美国舞蹈演员邓肯之所以能取得巨大成功。就是她的舞蹈崇尚动作的完全自由，她赋予了芭蕾新的内涵，使日趋没落的芭蕾又走上昌盛的道路。

舞蹈的自然性，是指不受任何的束缚，自由地表达自己的情感。它的物象可以是自然界万物，也可以是抽象的东西，不管是自然的还是抽象的，都应该用自由的方式展现出来。如民族舞蹈《孔雀舞》，十二个女演员组成一幅孔雀开屏的画面，接着队形散开，十二只"孔雀"布满舞台，在慢板乐曲中翩翩起舞。而后音乐过渡到小板块，"孔雀们"舞蹈节奏加快，表现的是一派欢快的景象。十二个"孔雀"并没有按照孔雀的样子来进行严格的装扮，她们主要是通过自然、自由的肢体语言来展现孔雀的形象。

虚拟象征是舞蹈的灵魂

舞蹈是崇尚虚拟象征性的艺术。首先，用人体的动作、姿态来代替日常生活中的言谈话语，这本身就带有虚拟象征性。其次，舞蹈通过人体美向观众表露人的思想感情。整个人体渗透着舞蹈人员想要表达的思想情感，她们用不同的姿势表达不同的情感，这也是虚拟象征性。作为舞蹈，舞蹈情节是展示、演绎艺术形象的时空逻辑符号。能够用逻辑符号展示生活是舞蹈的成功之处，这种逻辑符号就是象征性的体现。

舞蹈是抒发感情的最好形式，在表演的形式上，多采用象征、虚拟的手法，通过优美的人体动作去抒发感情。让观众通过不同的身体动作来体会舞蹈者要抒发的思想感情，舞蹈家陈爱莲创作的《荷花舞》就是运用象征、虚拟抒情的典范。在整个舞蹈画面中，舞蹈人员用优美的舞蹈动作，展现出绝美的意境。创作者旨在通过这种方式来表达对大自然、对祖国、对和平的热爱。我国最具代表性的运用虚拟象征的舞蹈是三人舞《绳波》，这个舞蹈中，唯一的道具是一条绳子，创作者就是想用不同绳子的姿态来表达不同的思想情感。当绳子变成圆圈滚向对方时，象征着在向对方表达自己的爱；当绳子缠在跳双人舞的人身上时，象征着它是联结命运的纽带；当三个人一块欢快地跳绳时，象征着幸福快乐的三口之家；一旦出现绳子抖动，则象征着感情的波澜和父母内心的矛盾。在整个舞蹈的结尾，父母各牵绳子的一头，绳子上捆绑的洋娃娃左右摇晃，象征着父母离异，孩子伶仃孤苦。整个舞蹈充斥着象征性的表现手法，创作者旨在通过这样的手法来表达两个人从相恋到结婚生子，再到感情起波澜，最终反目时的不同情感，以及表达反目后孩子的孤苦境况。从而警醒人们不要轻易解散一个家庭，要照顾到孩子的感受。

这就是舞蹈，不能用描写的形式来展现情感，也不能用叙述的形式来书写故事，只能依靠演员的身体语言来表达情感，这种情感的表达建立在对象征虚拟的充分应用的基础之上。

风靡世界的舞蹈形式

要欣赏舞蹈，就要首先明白舞蹈的类型，根据表演者的数量，舞蹈可分独舞、双人舞、组舞、集体舞。现在最主要的舞蹈分法是将舞蹈分为民间舞蹈、古典舞蹈、舞会舞蹈和舞剧四类。民间舞蹈是表现民间风俗的舞蹈，如《孔雀舞》等；古典舞蹈，又叫古典舞剧，比如《天鹅湖》等；舞会舞蹈是在舞会上跳的舞蹈，比如狐步舞、波尔卡、华尔兹、探戈、查尔斯顿舞、迪斯科舞、恰恰舞等。熟悉了这些舞蹈形式之后，还要学习此类舞蹈的表现手法、表达艺术等知识。要想真正成为舞蹈欣赏高手，就要经常观赏舞蹈，在观赏舞蹈的同时形成自己的认知。

 # 戏剧美学：综合艺术美的舞台享受

　　一次，莎士比亚的《奥赛罗》在纽约上演，扮演伊阿古的是美国著名演员威廉·巴支。威廉·巴支将伊阿古卑鄙无耻的形象表现得淋漓尽致，台下的观众对他是恨之入骨。当台上演到奥赛罗误中伊阿古的奸计，将苔丝狄蒙娜掐死时。台下有一个军官十分恼怒，开枪打死了舞台上的伊阿古。当时，整个剧场一片混乱。过了好长时间，这位军官才清醒过来，知道这是在演戏，而不是现实，他十分懊悔，当场自杀身亡。这件事情震惊了全球。纽约市民将这两位戏剧艺术的牺牲者合葬在一起，并在墓碑上刻下"最理想的演员与最理想的观众"的文字。这位军官之所以会开枪打死演员，就是沉浸在戏剧情节里不能自拔。

　　戏剧是我们日常生活中经常接触的一种艺术形式，我们会常常到剧场去看演出，比如听京剧、昆曲、歌剧，看话剧、舞剧、木偶剧、皮影戏，等等，这都属于戏剧的范畴。戏剧是一项综合的艺术，它集音乐、绘画、语言、表演、灯光等于一体，通过对事情的演绎来表现生活。生活离不开戏剧，因为戏剧能够带给人最真实的生活感受，所以要学会欣赏戏剧。我们在日常生活中接触到的戏剧主要有两种，一种是悲剧，另一种是喜剧。悲剧的美之所在是它带给人的强烈心理感受，戏剧之美美在它给人带来轻松、带来快乐，也带给人警醒。欣赏戏剧除了包含其中的各种艺术形式，最主要的是要懂得欣赏戏剧中的现实意义。

悲壮是一种美

关于悲剧，鲁迅先生有一句名言："悲剧将人生的有价值的东西毁灭给人看。"悲剧往往将最美好的东西撕毁，它常常与死亡和痛苦相联系，它是一种残缺的美、一种破碎的美、一种悲壮的美。悲剧以剧中主人公与现实之间不可调和的冲突及其悲惨的结局，构成戏剧的基本内容。悲剧具有英雄气概，悲剧的主人公是崇高的英雄，是先进的社会力量的代表。悲剧以悲惨的结局，来揭示命运的不公，从而激起观众的愤怒情绪。

悲剧能让观众产生快感和审美享受，悲剧所产生的美感是悲壮美，悲剧虽使人泪流满面，却让人精神振奋。博克说："悲剧使我们接触到崇高和庄重的美，因此能唤起我们自己灵魂中崇高庄严的感情。它好像打开我们的心灵，在那里点燃一星隐秘而神圣的火花。"悲剧会让人懂得什么是真善美，什么是假恶丑，从而引导人们去追求美好的生活。提起悲剧不得不谈一下莎士比亚，莎士比亚是欧洲文艺复兴时期主要代表作家，有"英国戏剧之父"之称。莎士比亚以写悲剧见长，他有非常著名的四大悲剧，它们分别为《哈姆雷特》《奥赛罗》《李尔王》《麦克白》，这4部作品都是以英雄人物的死亡结尾，可以说是典型的悲剧。《哈姆雷特》中丹麦王子为报仇而与仇人同归于尽；《奥赛罗》中的奥赛罗因听信谗言杀死妻子而悔恨自杀；《李尔王》中的李尔王因受女儿虐待疯癫而死；《麦克白》中的麦克白因为兵败而战死。不管是哈姆雷特还是奥赛罗、李尔王，抑或麦克白无不是世间英雄，但是命运把他们都送上了死亡的道路，这四部悲剧的结尾是催人泪下的、让人惋惜的。但是它们带给人一种悲壮之美，一种对生命的顿悟，这些情愫激励着观众群寻找正确的价值观、人生观，鼓励着人们走上真善美的道路。这些就是悲剧美的地方。

悲剧表现的主要是理想与现实的矛盾，以及现实导致理想的破灭。欣赏悲剧时，不要只停留在心潮的澎湃之上，而是要从悲剧中汲取力量，唤醒自己对生活的感知，以更加正确的态度来面对人生。

嘲笑之后的隐痛

喜剧是戏剧的一种类型，它常常以强烈的夸张手法，来充分展示假恶丑与真善美之间的矛盾，并且用荒诞的方式来对假恶丑进行辛辣的讽刺。在嘲讽假恶丑的同时，极力褒扬真善美。

喜剧描绘的主题主要是爱情、友情和婚姻。通过对这些主题里人物的不同描绘来表达对生活的正确认知，喜剧会让人啼笑皆非，笑是因为荒诞，哭是因为悲哀、怜悯，比如鲁迅先生的《阿Q正传》，阿Q一生贫苦，饱受压迫和欺凌，这些都是让人同情的，但是他的"精神胜利法"又让人感到好笑。

这就是喜剧带给我们的心理感受，想笑却又笑不出来，因为滑稽的背后是对人性的鞭策。比如莎士比亚的《威尼斯商人》，威尼斯富商安东尼奥为了成全好友巴萨尼奥的婚事，向犹太人高利贷者夏洛克借债。由于安东尼奥帮助夏洛克的女儿私奔，所以夏洛克怀恨在心，他想乘机报复，夏洛克对安东尼奥说可以不要利息，但要是逾期不还，就要从安东尼奥身上割下一磅肉来抵账。不巧的是，安东尼奥的商船失事，所以一时间安东尼奥资金周转不灵，无力偿还贷款。夏洛克去法庭控告安东尼奥，要割掉安东尼奥的一磅肉。为救安东尼奥的性命，巴萨尼奥的未婚妻鲍西娅假扮律师出庭，她答允夏洛克的要求，但要求所割的一磅肉必须正好是一磅肉，不能多也不能少，更不准流血。夏洛克因无法执行而败诉，害人不成反而失去了财产。

《威尼斯商人》给人展现的是阴险毒辣的夏洛克小人形象，他的形象滑稽可笑，但是又让人恨之入骨。这就是喜剧带给人的直观感受，在欣赏喜剧时不要只停留在滑稽的人物形象的表面，要善于理解人物形象背后隐藏的东西。